经济管理学术文库·管理类

移动社会网络服务中
用户持续使用意向的影响因素研究

Research on Factors Influencing Intention of Continuous Use in Mobile Social Network Services

蒋 鹏／著

经济管理出版社
ECONOMY & MANAGEMENT PUBLISHING HOUSE

图书在版编目（CIP）数据

移动社会网络服务中用户持续使用意向的影响因素研究/蒋鹏著. —北京：经济管理出版社，2019.2

ISBN 978-7-5096-6373-8

Ⅰ.①移… Ⅱ.①蒋… Ⅲ.①移动网—网络服务—影响因素—研究 Ⅳ.①TN929.5

中国版本图书馆 CIP 数据核字（2019）第 022685 号

组稿编辑：杨国强
责任编辑：张瑞军
责任印制：黄章平
责任校对：陈　颖

出版发行：经济管理出版社
　　　　　（北京市海淀区北蜂窝 8 号中雅大厦 A 座 11 层　100038）
网　　址：www. E-mp. com. cn
电　　话：（010）51915602
印　　刷：三河市延风印装有限公司
经　　销：新华书店
开　　本：720mm×1000mm/16
印　　张：14
字　　数：202 千字
版　　次：2019 年 5 月第 1 版　2019 年 5 月第 1 次印刷
书　　号：ISBN 978-7-5096-6373-8
定　　价：68.00 元

前　言

伴随移动互联网通信技术的快速发展，基于用户共同兴趣偏好并利用移动终端设备形成的移动社会网络 MSN 已经快速地进入人们日常生活，深刻地影响着人们的思想、情感及行为，并对人类社会的政治、经济、文化产生前所未有的影响，甚至改变着整个世界形态。移动社会网络服务 MSNS 是一种基于移动社会网络 MSN 构建的移动服务，已经成为人们新的互动、娱乐平台，并迅速成为人们互动交际和信息传播的重要渠道。

尽管移动社会网络服务用户人数不断增多，然而受移动社会网络服务的常态化更新和网民行为的随机性变化的影响，移动服务的用户增长率日渐趋缓，用户持续使用意愿下降，导致用户的批量化流失，阻碍了移动互联网时代社会网络服务的应用和发展。因此，开展移动社会网络服务 MSNS 用户持续使用意向的影响因素研究变得尤为重要。

本书通过对移动社会网络服务的发展现状和国内外关于移动社会网络服务用户持续使用行为的相关理论文献研究，基于用户、产品、社会及环境四个维度研究移动社会网络服务用户持续使用意向的影响因素，将其分成五大类，分别按因变量、自变量、中介变量、控制变量及调节变量进行重新定义，提炼出感知价值性、感知信任度、用户满意度、感知互动性、感知娱乐性、用户习惯、社群认同、社群影响、产品质量及服务质量十大影响因素，以及其他相关的调节变量和控制变量；提出对应的理论研究假设，从用户、产品、社会等维度构建 MSNS 用户持续使用理论模型，同时，基于用户维度的性别特征及环境维度的技术背景特征、环境背景特征等构建 MSNS 用户持续使用的调节模型，从而形成基于用户、产品、社会、环境四维度的移动社会网络服务用户持续使用意向研究模型。

在国内外成熟量表的基础上，通过对业内专家的深入访谈，开发 MSNS 用户持续使用理论模型测量项的量表，形成 MSNS 用户持续使用意向调研问卷的系列观测项；采用 SPSS 软件开展小规模样本测试，并通过问卷测量项的信度和效度检验，剔除相应的异常观测项，最终形成 38 个具备良好信度效度的测度项组成模型测量量表。

通过线上和线下结合的方式进行数据样本采集，对采集的数据样本开展用户个人特征、用户使用行为及持续使用意向的影响因素综合分析，使用 SPSS 对回收的数据样本进行测量量表的信度和效度检验；对因变量、中间变量进行皮尔逊相关分析，检验因变量、中间变量与其自变量之间的相关关系；分析用户年龄层次、学历层次及收入层次等控制变量对持续使用意向的显著差异化影响。

对 MSNS 用户持续使用意向的理论模型开展实证研究。利用 AMOS 分析模型拟合度指标，检验模型适配度；分析模型的各路径系数，验证提出的理论假设；构建 MSNS 持续使用意向的调节模型，检验用户性别、技术背景及地域背景等调节变量对 MSNS 用户持续使用意向理论模型各影响路径的调节作用。

研究结果发现，MSNS 用户持续使用意向受用户满意度、感知价值性、用户习惯及感知信任度的影响，且具有较强程度相关性。其中，用户习惯、用户满意度及感知价值性对用户持续使用意向有正向影响作用

（以用户习惯的正向影响作用最大），而感知信任度对用户持续使用意向则有反向影响作用。

研究还发现，用户年龄层次、学历层次及收入层次等控制变量对用户持续使用意向的影响具有显著差异化；用户性别对用户习惯和用户满意度影响持续使用意向的影响路径，有显著调节作用；用户地域背景和用户技术背景对感知互动性影响满意度的路径，以及用户习惯影响持续使用意向的路径，均有显著的调节作用；而用户技术背景还对用户满意度影响持续使用意向的路径有显著调节作用。

本书创新之处主要在于：

（1）从用户、产品、社会及环境四个维度研究移动社会网络服务MSNS用户持续使用意向理论模型，丰富了移动社会网络服务的研究视角；

（2）研究用户自然属性中年龄层次、学历层次、收入层次等控制变量对用户持续使用意向的显著差异化影响，提升了用户持续使用意向理论的诠释程度；

（3）构建MSNS用户持续使用意向的调节模型，揭示了性别特征、技术背景特征及地域背景特征对MSNS用户持续使用意向理论模型影响路径的调节作用，深化了持续使用意向模型的作用机制。

目 录

第一章 绪 论 ……………………………………………………… 1

第一节 研究背景与意义 ………………………………………… 1

一、研究背景简述 …………………………………………… 1

二、研究理论意义 …………………………………………… 3

三、研究实践意义 …………………………………………… 4

四、相关概念界定 …………………………………………… 4

第二节 研究工具及方法 ………………………………………… 8

一、文献综述法 ……………………………………………… 8

二、深度访谈法 ……………………………………………… 9

三、专家调查法 ……………………………………………… 9

四、问卷调查法 ……………………………………………… 9

五、实证研究法 ……………………………………………… 10

六、研究工具 ………………………………………………… 10

第三节 研究内容和结构 ………………………………………… 13

一、研究内容 ………………………………………………… 13

二、技术路线 ………………………………………………… 14

三、结构安排 ………………………………………………… 14

第四节 本章小结 ·· 17

第二章 理论研究的文献综述 ···························· **19**

第一节 移动社会网络服务的理论研究综述 ············ 19

一、弱关系理论 ···································· 19

二、阈值理论 ······································ 20

三、结构同位理论 ·································· 20

四、网络密度和网络外部性理论 ····················· 21

五、互动性和娱乐性理论 ···························· 21

六、移动性理论 ···································· 22

第二节 用户持续使用意向的理论研究综述 ············ 23

一、期望确认理论 ·································· 23

二、技术接受模型理论 ······························ 24

三、价值理论 ······································ 25

四、信息系统成功理论 ······························ 26

五、其他综合理论 ·································· 28

第三节 国内外研究综述评价 ························ 28

第四节 本章小结 ·································· 29

第三章 移动社会网络服务用户持续使用意向的理论模型 ······ **31**

第一节 用户持续使用意向的影响因素及变量定义 ······ 31

一、持续使用意向的影响因素 ························ 31

二、持续使用意向模型的变量组成 ···················· 32

三、持续使用意向模型的因变量 ······················ 34

四、持续使用意向模型的自变量 ······················ 34

五、持续使用意向模型的中介变量 ···················· 40

　　　六、持续使用意向模型的调节变量及控制变量 ……… 42

　第二节　用户持续使用意向模型的研究假设 …………… 43

　　　一、用户满意度对持续使用意向的影响 …………… 43

　　　二、感知信任度对持续使用意向的影响 …………… 44

　　　三、感知价值性对持续使用意向的影响 …………… 45

　　　四、感知互动性对用户满意度的影响 ……………… 46

　　　五、社群认同对用户满意度的影响 ………………… 46

　　　六、服务质量对用户满意度的影响 ………………… 47

　　　七、产品质量对感知信任度的影响 ………………… 48

　　　八、感知娱乐性对感知价值性的影响 ……………… 48

　　　九、社群影响对感知价值性的影响 ………………… 49

　　　十、用户习惯对持续使用意向的影响 ……………… 49

　　　十一、控制变量对持续使用意向的影响 …………… 50

　　　十二、调节变量对使用意向的影响 ………………… 51

　第三节　用户持续使用意向的模型构建 ………………… 55

　　　一、持续使用意向的研究结构 ……………………… 55

　　　二、持续使用意向的模型组成 ……………………… 56

　　　三、持续使用意向的理论模型 ……………………… 61

　第四节　本章小结 ………………………………………… 62

第四章　移动社会网络服务用户持续使用意向研究的问卷设计 ……… 65

　第一节　用户持续使用意向问卷的设计概要 …………… 65

　　　一、持续使用意向问卷的设计步骤 ………………… 65

　　　二、持续使用意向问卷的结构组成 ………………… 66

　第二节　用户持续使用意向问卷的量表设计 …………… 67

　　　一、持续使用意向的测量量表设计 ………………… 67

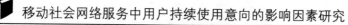

二、感知价值性的测量量表设计 ………………………… 67

三、感知信任度的测量量表设计 ………………………… 68

四、用户满意度的测量量表设计 ………………………… 69

五、用户习惯的测量量表设计 …………………………… 69

六、感知娱乐性的测量量表设计 ………………………… 70

七、感知互动性的测量量表设计 ………………………… 70

八、产品质量的测量量表设计 …………………………… 71

九、服务质量的测量量表设计 …………………………… 71

十、社群认同的测量量表设计 …………………………… 72

十一、社群影响的测量量表设计 ………………………… 72

第三节　用户持续使用意向问卷的样本预测 …………… 73

一、持续使用意向研究的小规模访谈 …………………… 73

二、意向研究的小规模访谈样本分析 …………………… 75

三、意向研究的小规模量表信度评价 …………………… 76

四、意向研究的小规模量表效度分析 …………………… 77

第四节　用户持续使用意向问卷的最终修订 …………… 81

第五节　本章小结 ……………………………………………… 83

第五章　移动社会网络服务用户持续使用意向研究的理论分析 ………… **85**

第一节　用户持续使用意向研究的数据采集 …………… 85

一、持续使用意向研究的样本选择 ……………………… 85

二、持续使用意向研究的问卷发放 ……………………… 86

三、持续使用意向研究的数据收集 ……………………… 86

第二节　用户持续使用意向问卷样本的描述性分析 ……… 87

一、用户基本特征的描述 ………………………………… 87

二、用户使用行为的描述 ………………………………… 89

三、持续使用意向的描述 …………………………… 92

第三节 用户持续使用意向模型量表的信度和效度检验 ………… 94

一、模型量表的信度检验 …………………………… 94

二、模型量表的效度检验 …………………………… 97

第四节 用户持续使用意向影响因素的相关性分析 ………… 103

一、持续使用意向影响因素的相关分析 ………… 103

二、用户满意度与影响因素的相关分析 ………… 104

三、感知信任度与影响因素的相关分析 ………… 105

四、感知价值性与影响因素的相关分析 ………… 105

第五节 控制变量对持续使用意向的差异化影响分析 ……… 106

一、用户年龄层次对持续使用意向的差异化影响 ……… 106

二、用户学历层次对持续使用意向的差异化影响 ……… 108

三、用户收入层次对持续使用意向的差异化影响 ……… 110

第六节 本章小结 …………………………… 112

第六章 移动社会网络服务用户持续使用意向研究的实证分析 …… 113

第一节 用户持续使用意向模型的假设检验分析 ………… 113

一、持续使用意向结构方程分析 ………… 113

二、持续使用意向模型拟合分析 ………… 115

三、持续使用意向模型路径分析 ………… 124

第二节 用户持续使用意向模型的调节分析 ………… 125

一、用户性别对模型的调节分析 ………… 126

二、技术背景对模型的调节分析 ………… 133

三、地域背景对模型的调节分析 ………… 140

第三节 用户持续使用意向模型的假设验证 ………… 148

一、模型的假设验证结果 …………………………… 148

二、模型的假设讨论分析 …………………………………… 154

　第四节　本章小结 …………………………………………… 161

第七章　研究结论与展望 …………………………………… **163**

　第一节　主要研究结论 ……………………………………… 163

　第二节　对策与建议 ………………………………………… 166

　　一、从社会价值和娱乐价值方面，努力提升用户对 MSNS 的感知

　　　　程度 …………………………………………………… 166

　　二、从社群认同感和归属感方面，努力提升用户对 MSNS 的满意

　　　　程度 …………………………………………………… 166

　　三、从持续使用习惯的培养方面，强化用户对 MSNS 的依赖

　　　　程度 …………………………………………………… 167

　　四、从移动服务的可靠保障方面，强化用户对 MSNS 的信任

　　　　程度 …………………………………………………… 167

　　五、区分不同年龄层次的用户需求，构建良性循环的激励

　　　　机制 …………………………………………………… 167

　　六、重视不同学历层次的社交需求，培养用户的持续使用

　　　　习惯 …………………………………………………… 168

　　七、针对不同收入层次的价值取向，满足各类用户的功能

　　　　需求 …………………………………………………… 168

　　八、加强移动基础设施的环境建设，增强用户良好的服务

　　　　体验 …………………………………………………… 169

　第三节　研究的创新点 ……………………………………… 169

　第四节　未来研究展望 ……………………………………… 170

　　一、进一步开展初次采纳过程中的用户感知对持续使用意向的

　　　　影响 …………………………………………………… 170

二、进一步扩展研究样本的覆盖领域和覆盖区域 ………… 171

三、尝试仿真或实验的研究方法开展用户持续使用连续性
研究 ……………………………………………… 171

附 录 ……………………………………………… **173**

参考文献 ………………………………………… **181**

致 谢 ……………………………………………… **209**

第一章　绪　论

第一节　研究背景与意义

随着信息技术的高速发展，移动互联网快速进入人们日常生活的衣食住行用，深刻地影响着人的思想、情感和行为，并对人类社会的政治、经济、文化产生前所未有的影响，甚至改变整个世界形态。基于六度分割理论，以现实生活中人际关系为基础，以移动互联网技术为支撑的移动社会网络服务（Mobile Social Network Service，MSNS）成为人们新的互动平台，并迅速发展成为人们交流的重要传播渠道。

一、研究背景简述

选题来自国家自然科学基金项目《移动社会网络服务用户采纳与持续使用行为研究》（71261008）。

著名的 Google 公司看好移动社会网络服务的前景，2005 年收购了提供移动社会网络服务的公司 DODGEBALL。然而收购之后，其服务并没有出现太大改进，用户持续性使用其服务的意向越来越差，客户流失越来越严重，2009 年 DODGEBALL 服务被迫终止。

国内最早一批基于地理位置分享线下生活的移动社会网络服务，例如街旁网，依靠位置的签到服务功能记录生活，实现好友互动，享受商家折扣。其用户达到 300 万人，创意广告收入超过 1000 万元，但由于用户持续使用意向下降，用户流失严重，街旁网于 2014 年初被迫停止运营。

据中国互联网络信息中心（China Internet Network Information Center，CNNIC）2017 年 8 月发布的数据显示，目前我国网民规模人数为 7.51 亿，上网普及率为 54.3%，比 2016 年提升了 1.1%；其中手机网民规模达 7.24 亿，占比达 96.3%，移动社会网络服务的用户高达 5.9 亿，进一步凸显移动互联网的主导地位，移动社会网络服务平台的潜在用户基础良好。

从移动社会网络服务的使用类型来看，首先即时通信类移动社会网络服务的用户使用率高达 91.8%，高居第一；其次是类似微信朋友圈、QQ空间等即时通信工具所衍生出来的综合类移动社会网络服务分列二、三位，用户使用率分别为 84.3% 和 65.8%；以豆瓣为代表的垂直类移动社会网络服务，用户使用率仅为 8.6%。因此，基于社交功能的综合类平台不仅拥有更强的互动交流功能，同时更强调用户的信息分享，甚至还有些平台为用户提供金融服务、招聘就业等综合服务，以提高平台对用户的吸引力，提升用户对平台的满意度，维系老用户的持续使用；而垂直类移动社会网络服务则通过其专业的服务能力，获得了忠诚度较高的用户群体。

近年来，由于人口红利的逐渐消失，社交类网站用户规模增长缓慢；同时，受新型移动服务以及网民使用行为变化的影响，存在一部分基于社交的移动服务面临用户不断流失及用户组成结构调整的问题。以移动社交应用和微博为例，活跃度下降的用户数大于活跃度提高的用户数，且移动社交网站和微博均面临着用户流失的问题，特别是高端用户。CN-NIC 发布的《2016 年中国社交类应用用户行为研究报告》显示，有 2.54%

的网民半年前使用移动社会网络服务而现在不持续使用。其中，微博流失率达 6.32%，其他主流移动社会网络服务流失率达 2.62%，特别是高端用户的流失比例增高。

移动用户规模不断上升而原有用户又在不断流失的现象，表明移动社会网络服务的初次采纳较为成功，但在维系用户持续使用方面却存在严重欠缺。其根本原因是用户使用移动社会网络服务的持续化程度较低，服务提供商尚未掌握用户深层次需求。DODGEBALL、街旁网的服务终止就是这一现象的典型例证。

本文分别从用户、产品、社会、环境四个维度，梳理移动社会网络服务的用户持续使用意向的影响因素，构建其影响持续使用意向的理论模型，并通过实证方法对理论模型进行假设验证，为提高用户持续使用率提供一定的参考。

二、研究理论意义

（1）通过深入剖析移动社会网络服务用户持续使用意向的影响因素，深度诠释用户持续行为，进一步丰富消费者行为学、价值理论、信息系统持续使用行为学、满意度理论等学科理论知识。

（2）通过开展移动社会网络服务用户持续行为研究，验证期望确认理论、信息成功理论、价值理论等成熟理论或模型在移动社会网络服务用户持续使用意向的适用性；通过对移动社会网络服务用户持续使用意向特征研究，对上述理论或模型进行适当扩展，从而优化或补充上述理论或模型。

（3）从用户、产品、社会及环境四个维度研究移动社会网络服务用户持续使用意向影响因素，构建移动社会网络服务用户持续使用意向的理论模型，探索用户自然属性对持续使用意向的控制及调节作用，提高移动社会网络服务用户持续使用意向的诠释程度。

三、研究实践意义

（1）帮助移动社会网络服务运营商更有效地留住老用户。通过对用户持续使用意向影响因素进行实证研究，验证诸如感知价值性、感知信任度、用户习惯、用户满意度等多类因素对用户持续使用意向的影响，并将这些研究结论用于指导移动社会网络服务运营商维系老用户持续使用。

（2）通过提升移动社会网络服务运营商产品（系统）、服务质量，创新系统服务内容，提高用户的活跃度。本书通过验证诸如感知互动性、社群影响、社群认同、服务质量、产品（系统）质量等因素的影响作用，指导移动社会网络服务运营商通过促进用户间的互动交流、提升社群服务功能，创新产品（系统）质量及服务质量，从而加强用户持续使用意向。

（3）本书的成果对其他替代性移动社会网络服务运营商具有一定的参考价值。尽管本书研究移动社会网络服务用户持续使用意向，但是研究结论可用于对其他如移动商务或移动增值业务服务商提供科学的决策参考，为其留住用户、提升用户持续使用提供理论依据。

四、相关概念界定

（一）移动社会网络服务的界定

1. 移动社会网络（Mobile Social Network，MSN）

移动社会网络是在特定方面有共同活动规律或兴趣爱好的群体，通过使用移动终端设备而形成的社交群体网络。它依托移动通信技术来突破固定客户端的限制，从而加速信息传播与共享，降低人们之间的交互成本。

2. 移动社会网络服务（Mobile Social Network Service，MSNS）

移动社会网络服务是指用户利用平板或手机等移动终端设备，基于移动通信网络技术，实现移动社交类功能，产品以信息系统方式呈现，社交内容形式多样化，包含图文、语音、视频及直播等。与传统在线社会网络服务相比，移动社会网络服务具有更强的互动性、即时性等特点，能够让用户不受时空、场地的限制创造及分享内容，让其能最大程度地服务于用户的社会交往和现实生活。

3. 移动社会网络服务 MSNS 的特征

移动社会网络服务是基于移动互联网通信技术的移动服务，其不仅具备在线社会网络服务的特征，同时具有移动互联网的移动性特征。移动社会网络服务让信息变得更加透明化，改变了人类社会的各种关系和结构，具有以下特征：

（1）用户是移动社会网络服务的核心。MSNS 的生存必要条件之一是用户持续使用。MSNS 应以用户为中心，将关注的重点逐步由产品转向用户，提高用户使用的良好体验，加深用户对产品的感知。尤其是 80 后、90 后的 MSNS 用户群体对 MSNS 能够更具个性化。

（2）MSNS 产品是基石。产品是第一驱动力，移动社会网络服务产品更新迭代很快，特别是移动互联网时代对于 MSNS 要求非常高，要求 MSNS 做到同类产品的极致。用户对 MSNS 持续使用除了用户自身的刚性需求外，还包含对 MSNS 产品（系统）和服务质量的认可。

（3）MSNS 虚拟社区特征。移动社会网络服务是虚拟社区的一个分支，具有虚拟社区的显著特征——虚拟社区感。虚拟社区感是个人对于虚拟社区中社会关系的感受，或者是对所属集体的个人感受。在 MSNS 实际使用中，虚拟社区感能促进用户重复访问，提高用户在社区中的参与程度，提升用户在社区中的认同程度，从而增加虚拟社区的黏性，吸引用户继续使用。

（4）MSNS 移动特征。移动性是移动社会网络服务与在线社会网络服务的最大区别之一，能够让用户可以不受时空的限制使用 MSNS，对促进用户持续使用 MSNS 具有积极影响，为用户使用 MSNS 提供很大便利，同时也给用户带来一定的信息泄露风险。

4. 移动社会网络服务 MSNS 的分类

通过对当前多款移动社会网络服务的用户产生内容与使用行为分析，可得出移动社会网络服务用户的需求，以价值类、社群类、娱乐类、互动类及信任类五类需求为主。移动社会网络服务不仅应满足用户核心需求，同时应展示自身吸引用户的差异化价值，表 1-1 是当前热门移动社会网络服务分类。

表 1-1　常见移动社会网络服务分类

类别名称		移动社会网络服务名称
价值类需求	婚恋社交	珍爱网、世纪佳缘、百合网、有缘网、网易花田
	创投社交	FellowPlus、天使汇
	运动社交	Keep、Fittime、火辣健身
	旅游社交	面包旅行、马蜂窝、捡人
	通信社交	微信、QQ、钉钉
	海淘社交	小红书、洋码头
	消费社区	什么值得买、闲鱼、堆糖
社群类需求	开放式社交	陌陌、探探、朋友印象
	约会社交	请吃饭、微聚、美丽约
	校园社交	师兄帮帮忙、超级课程表
	母婴社交	辣妈帮、宝宝树、亲宝宝
	兴趣社交	唱吧、抖音、Same
	宠物社交	遛遛、有宠
	女性社交	美柚、大姨妈、她社区
	游戏社交	捞月狗

类别名称		移动社会网络服务名称
娱乐类需求	短视频社交	美拍、小咖秀、秒拍
	直播社交	映客、花椒、YY、9158
	游戏直播社交	斗鱼、龙珠
	美容社交	新氧、美芽
	图片社交	IN、Nice
互动类需求	综合社交	微博、百度贴吧、QQ空间、豆瓣
	匿名社交	无秘、抱抱
信任类需求	知识社交	知乎、分答、在行
	职场社交	脉脉、赤兔、会会、领英

（二）移动社会网络服务 MSNS 的用户

移动社会网络服务用户指在移动社会网络上提供、采纳或使用移动服务的人。信息系统的用户一般分为服务提供商、技术开发商及使用用户三种，结合 MSNS 特征，本书认为 MSNS 的用户分为负责内容产生的服务提供商、用户（上游合作方及终端用户）及 MSNS 技术开发商等。

服务提供商包括专业的媒体、公关机构、网络红人及大 V 等，通过深厚的社群影响力传播内容，提供优质内容价值，增强终端用户的付费意向。

用户分为上游合作方和终端用户两大类。其中，上游合作方认可 MSNS 为其带来的价值，在选择 MSNS 上注重行业细分及差异化；终端用户受社群影响选择 MSNS，其移动服务转移成本相对较高。

MSNS 的技术开发商类型丰富、竞争激烈，运营模式不断创新，不断为用户提供便利。

（三）移动社会网络服务 MSNS 的用户持续使用

移动社会网络服务用户持续使用通常是指用户初始采纳后一直反复

不断、坚持使用移动社会网络服务，与之类似的表达有继续使用、采纳之后使用、实施之后使用等。持续使用描述了用户对特定信息系统连续不间断使用的行为，与信息系统的采纳行为同等重要。

用户持续使用是移动社会网络服务健康成长的必要条件，当前国内外针对 MSNS 用户持续使用意向的研究较少，缺乏针对用户行为进行解释与预测，服务提供商对用户的行为特征了解不全面，比如当前提供 MSNS 的服务提供商，主要考虑交互性和移动性，实际上传统 SNS 提供了更好的交互性；移动性虽然是移动社会网络服务的特色，但用户不是只关注移动性，例如有些用户会在每天固定的时间，使用 MSNS 与固定的好友进行交流。只有深刻理解影响用户持续使用的因素，才能真正推动移动社会网络服务良性发展。通常 MSNS 用户产生重复使用意向导致发生重复使用 MSNS 的行为，本书重点研究的是移动社会网络用户持续使用意向。

第二节　研究工具及方法

一、文献综述法

文献综述法，全称文献综合评述方法，是指通过归纳、分析及鉴别全面收集有关文献资料，系统地叙述和评论某个时期内某类学科的研究成果，一般分为综合性和专题性两种形式。其中，综合性文献综述是针对某类学科，专题性文献综述则是针对某个特定的研究问题。

文献综述法可以帮助同行节省阅读专业文献资料的时间和精力，从而能够让他们快速地了解到相关研究的现状，确定自己的科研方向。文献综述法一般具有内容浓缩化、集中化和系统化的特点。

二、深度访谈法

深度访谈法主要用于获取调研对象对研究问题理解程度的探索类研究方法。以挖掘顾客对某产品的动机为例，为在研究过程中更好地获得受访者的结果，消除其自我防卫心理，研究者可以采用深度访谈法中的各类技巧对受访者进行访问，如角色扮演、文字联想法等。

深度访谈法能更深入地探索被访者的内心思想与看法，而且可将反应与被访者直接联系起来，可以更自由地交换信息。

三、专家调查法

专家调查法是向专家索取专业研究信息，通过专家丰富的知识和经验对问题作出判断、评估和预测的一种方法。该方法简单且成本低，回收速度快。

该方法一般用于前期相关研究资料少、不可预知的因素多、靠主观判断和粗略估计等方法为主来确定的研究问题，一般常用于长期预测和动态预测。

四、问卷调查法

问卷调查法是目前国内外社会调查中广泛使用的一种方法。问卷是指为统计和调查所用、以设问方式表述问题的表格。问卷法是研究者用这种控制式测量对所研究的问题进行度量，从而收集到可靠资料的一种方法。问卷法大多采用邮寄、个别分送或集体分发等多种方式发放问卷，由被调查者按照表格所问填写答案。一般来讲，问卷较之访谈表要更详细、完整和易于控制。

问卷法的主要优点在于标准化和成本低，是已设计好的问卷进行调查，问卷的设计要求规范化并可计量。

五、实证研究法

实证研究法对规模化的经验事实利用科学手段进行归纳，并将结论或规律通过科学严谨的逻辑演绎方法推导出来，同时，在现实中检验这些结论或规律的方法。实证研究法重点研究分析问题"是什么"，侧重于厘清研究活动的过程和后果以及运行的发展方向和趋势，而不是用任何价值标准去衡量"是什么"、是否可取。

实证研究法的特征是采用数量分析技术、目的是确定各因素间的作用方式和复杂环境下各事物间的关联方式，研究结论具有广泛性、普适性等特征。

六、研究工具

本书采用社会科学统计软件包和结构方程模型的矩阵结构分析软件来进行数据分析。

(一) 社会科学统计软件包 (Statistical Package for the Social Science, SPSS)

主要用于对问卷样本数据进行统计及分析，主要包括以下功能：

1. 信度分析

信度分析是考核测量量表内各变量之间以及量表总体的可靠程度，主要通过可靠性、一致性和稳定性三个方面进行测量，一般通过 Cronbach 系数和纠正项目的总相关系数来评估每个变量的信度。

2. 效度分析

效度分析主要是评测量表测量的结果与实际考察内容的贴切程度，

主要用内容效度和结构效度两类指标测量。其中，内容效度指测量观测项代表所要测量变量的程度，包括完备性和适合性两个指标；结构效度是指实证研究过程中现实测量出理论假设的程度，即实证过程与理论假设间的一致程度。一般通过 KMO 样本值和 Bartlett 球形检验判断样本结构效度是否有效；内容效度一般通过主成分因子提取方法，通过最大方差法因子旋转判断。

3. 差异显著性检验

差异显著性检验是统计假设检验的一种，用于检测科学实验中实验组与对照组之间是否有差异以及差异是否显著的方法。一般，SPSS 采用平均数差异检验，独立 t 样本检验和单因子方差分析检验是常用平均数差异检验方法。独立 t 样本用于检验两组平均数之间的差异；单因子方差分析用于检验三组及以上群体间平均数的差异。样本整体差异化检验通过方差分析 F 统计量表示，当 F 值的显著水平小于 0.05 时，表示所检测的样本中至少有两个群体样本平均数之间有显著差异，具体群体之间的显著差异可以通过事后比较方法分析得出。常用的事后分析法有 LSD 法、TUKEY 法及 Tamhane's T2 法等。

4. 相关分析法

相关性分析是对两个及以上具有相关性的变量因素进行分析，从而得到变量因素两两之间的相关密切程度。在 SPSS 中，一般采用皮尔逊相关分析法统计研究变量之间的相互关系，皮尔逊相关系数也是衡量两个变量之间相关关系密切程度的重要指标。

（二）结构方程模型的矩阵结构分析软件（Analysis of Moment Structures，AMOS）

结构方程模型分析流程如图 1-1 所示。

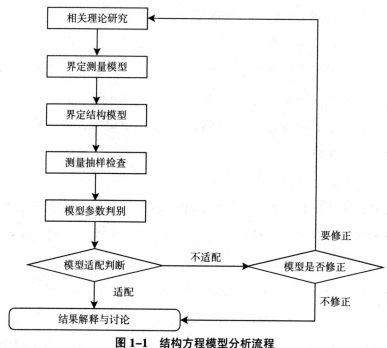

图 1-1 结构方程模型分析流程

在 AMOS 中，一般采用极大似然估计法对理论模型中影响因素之间的关系进行分析。AMOS 能够通过图绘的方式画出理论结构方程模型图，设定好潜在变量之间的影响关系，然后通过导入问卷样本数据进行分析，分析后查看模型拟合度指标，分析模型适配度是否良好。如果适配度良好，则查看具体标准似然估计值，对影响因素的路径系数进行分析。

第三节　研究内容和结构

一、研究内容

本书基于用户、产品、社会、环境四个维度的移动社会网络服务用户持续使用意向影响因素研究及实证研究、影响移动社会网络服务用户持续使用意向理论模型的控制变量及调节变量为内容进行研究。

（一）研究背景意义及综述

基于文献研究综述，分析现有用户持续使用意向模型，从用户感知层面，如感知价值性、感知信任度、用户满意度、感知互动性、感知娱乐性、用户习惯等，从 MSNS 本身，如产品（系统）质量、服务质量，从 MSNS 社会性特征，如社群认同、社群影响等维度挖掘移动社会网络服务 MSNS 用户持续使用意向的影响因素，构建用户持续使用意向理论模型，并提出相应的假设；分析用户自然属性中年龄层次、学历层次、收入层次等作为理论模型控制变量的作用；分析用户性别、地域背景及技术背景等作为理论模型调节变量的调节作用。

（二）移动社会网络服务 MSNS 的用户持续使用意向理论模型

设计移动社会网络服务 MSNS 用户持续使用意向的问卷。为保证调研问卷的有效性，本书基于较为成熟的测量量表，设定持续使用意向、感知价值性、感知信任度、用户满意度、用户习惯、感知娱乐性、感知互动性、产品（系统）质量、服务质量、社群认同及社群影响等测量量表，为保证问卷的有效性，对设计好的问卷进行小规模样本预测，并对初始调研问卷进行修订，从而得到最终的问卷。

（三）移动社会网络服务用户持续使用意向的实证研究

本书选取具有 MSNS 使用经验的用户作为调研对象，以线上和线下的方式回收问卷，使用 SPSS 对回收问卷数据分别进行样本分析、描述性统计分析、影响因素相关性分析及差异性显著检验等，对问卷的信度和效度进行检验，符合信度和效度标准后则使用 AMOS 对模型拟合指数进行检验，若模型的适配度良好则继续进行影响因素路径分析。

（四）移动社会网络服务用户持续使用意向的控制变量研究

本书利用 SPSS 对用户自然属性中的年龄层次、学历层次及收入层次等控制变量与用户持续使用意向的显著差异化影响进行验证分析。

（五）移动社会网络服务对用户持续使用意向的调节变量研究

本书使用 AMOS 对用户性别、地域背景及技术背景等调节变量对用户持续使用理论模型影响路径的调节作用进行验证分析。

二、技术路线

研究技术路线如图 1-2 所示。

三、结构安排

本书的结构共分为七章，每章阐述内容如下：

第一章，绪论。本章共分为三节，分别是研究背景及意义、研究工具和方法及研究内容和结构。本章主要阐述研究背景及意义，对相关概念进行界定，如移动社会网络、移动社会网络服务及移动社会网络用户持续使用等，阐述研究的方法、工具、主要内容和技术路线。

第二章，理论研究的文献综述。本章共分三节，主要阐述移动社会网络服务的研究综述、移动社会网络服务用户持续使用意向的研究理论

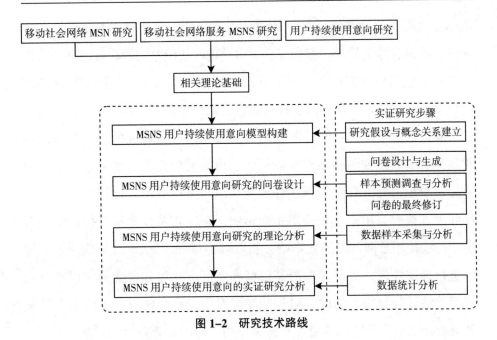

图1-2　研究技术路线

基础及国内外研究综述评价等。本章节通过文献综述法对移动社会网络服务及其用户持续使用意向的研究理论进行综述，对目前移动社会网络服务用户持续使用意向的研究进行评价。

　　第三章，移动社会网络服务用户持续使用意向的理论模型。本章共分三节，主要阐述用户持续使用意向的影响因素及变量定义、用户持续使用意向模型的研究假设及移动社会网络服务用户持续使用意向模型建立等。基于已有研究理论基础，从用户、产品、社会及环境四个维度分析移动社会网络服务用户持续使用意向的影响因素，重新定义每个影响因素构念，提出移动社会网络服务 MSNS 中用户持续使用意向研究的理论假设，构建移动社会网络服务 MSNS 用户持续使用意向理论模型。

　　第四章，移动社会网络服务用户持续使用意向研究的问卷设计。本章共分四节，主要包括用户持续使用意向问卷的设计概要、用户持续使用意向问卷的量表设计、用户持续使用意向问卷的样本预测及用户持续使用意向问卷的最终修订等。基于已有研究的理论基础，本章设计各影响因素的问卷测量量表，形成 MSNS 用户持续使用意向的调查问卷，对问卷进行小规模样本测试以保证调研问卷的信度和效度，并根据所获的问卷信度和效度结果对现有问卷进行修订，从而获得最终问卷。

第五章，移动社会网络服务用户持续使用意向研究的理论分析。本章共分五节，主要包括用户持续使用意向研究的样本数据采集、对用户持续使用意向问卷样本的描述性分析、用户持续使用意向模型量表的信度和效度检验、用户持续使用意向影响因素的相关性分析、控制变量对用户持续使用意向的差异化影响分析等。本章利用 SPSS 对回收的问卷样本进行描述性统计分析，检测其信度和效度，并对各自变量和因变量之间相关性进行分析，同时，对控制变量对用户持续使用意向的差异性显著分析，以获得不同群体对用户持续使用意向的显著差异性影响。

第六章，移动社会网络服务用户持续使用意向研究的实证分析。本章内容共分为三节，主要包括持续使用意向模型假设检验分析、持续使用意向模型调节分析及持续使用意向模型的假设验证等。本章使用 AMOS 分析理论模型的模型拟合指标，判断模型的适配度，如果模型适配度良好则检验理论模型的理论假设，同时检测用户性别、地域背景及技术背景等调节变量对理论模型的调节作用。

第七章，研究结论及展望。本章共分为四节，包含主要研究结论、对策与建议、研究的创新点及未来研究展望等。本章节主要是全书的结论，总结创新，对未来研究进行展望。

第四节　本章小结

　　本章主要阐述研究背景和研究意义，并对本书的相关概念如移动社会网络、移动社会网络服务、移动社会网络服务用户及移动社会网络用户持续使用等进行界定。本章还介绍了研究的方法、工具及内容，设定本书的技术路线，梳理本书的结构。

第二章 理论研究的文献综述

第一节 移动社会网络服务的理论研究综述

一、弱关系理论

弱关系理论是指人与人之间的关系可以用强弱来区分。Weimann（2011）将互动次数少、感情较浅、亲密程度不高、互惠交换较少的关系定义为弱关系。Macfarlane（2009）认为，人类拥有的稳定社交网络人数一般不超过 150 人，其中弱关系联系人占据 80%，由此可见弱关系有非常重要的作用，是社会集群间传递信息的桥梁。

弱关系基于性别、年龄、教育程度、职业身份、收入水平等社会经济特征不同的个体之间发展起来，分布范围广，可获得不同社会经济特征群体间的信息，从而促进社会信息流动和传播。李斌（2006）基于中国传统文化开展弱关系研究，认为随着信息技术快速发展，个体的弱关系范围不断扩大，现实社会形成一个纵横交错的虚拟社会网络。滕云、杨琴（2007）认为，互联网络个体间尤其是陌生个体间的关系均可被视为弱关系。

移动社会网络服务 MSNS 如微博、陌陌、豆瓣、知乎等是典型的弱关系社区代表。MSNS 社群个体之间能通过地理位置、兴趣爱好等纽带关联在一起开展互动交流，然而这类互动交流维系相对脆弱。这类弱关系能帮助用户获得生理、心理、人际及信息等社会资本，同时能促进信息的获取、扩散与流动。

二、阈值理论

Lu 等（2014）提出的阈值模型是指二元决策模型，即让行动者在两种互斥的行为中作出选择。个体做选择的成本不一，同样所获得的回报也不同。因此，个体做出选择是根据其对成本和收益或者根据有多少人做出类似的选择来决定，描述影响个体决策的值就是阈值。

阈值对于不同个体，其值大小标准不一。付出成本低获得回报高的个体阈值很低，可能为 0；付出成本高获得回报低的个体阈值很高，一般在 80%~90%；那些在任何情况下都不做选择的个体阈值则设定为 100%。阈值的优点是避免二分法，简单地说，阈值指对所做出选择的个体感知价值超过了感知成本。

因此，如果个体所在社会群体中有大量持续使用移动社会网络服务的用户，那么该个体也可能会受到影响而持续使用移动社会网络服务。

三、结构同位理论

结构同位理论由 Manchanda 等（2008）提出，他认为个体会被在社会网络中与之社会地位相当的人所影响。结构同位是指个体在社群结构中占有相同的地位，从而导致结构同位群体间有着几乎相接近的关系模式，即两个个体在结构上同位等价于他们在社会网络中有着相同的关系。

结构同位理论认为，在个体互动交流中，两个相同位置的个体将会相互作用，作为主观判断的参考框架，即使他们之间没有直接沟通，也会做出类似的判断。与同一个个体有关系的人可能有直接或间接认识，但他们可能没有强关系。正是他们与其他个体的相似关系决定了他们的结构同位，而不是他们之间的相互关系。

在结构同位模型中，社群影响从一个群体内部的沟通转变为竞争和地位的相对剥夺。通过该理论可以推测：个体所在的社会群体中，那些与个体本身具有非常类似人口统计特征的用户对个体持续使用意向影响更加明显。

四、网络密度和网络外部性理论

麦特卡尔夫定律指出，网络价值是根据用户数量的平方来估算。这意味着 MSNS 用户数量规模越大，网络价值越大。网络密度是指社会网络内部关系联结的松散程度，与网络规模呈反方向关系。因此，移动社会网络服务密度越低，网络规模越大，网络价值越大，对用户的吸引力越高。

网络外部性表明产品对用户的价值是随着用户数量大小呈正向关联，即用户数量越大，该产品对用户的价值越大。这与麦特卡尔夫定律的关系点不同。麦特卡尔夫定律关注网络的总价值，而网络外部性关注个体获得的价值。可以推测：网络外部性越高，个体所获得的价值越高，对个体的吸引力也越高。

五、互动性和娱乐性理论

Dholakia 等（2004）研究发现，人们在网络社区中的感知价值分为五类，分别是：目标价值、维持人际价值、自我发现价值、社会价值和娱乐价值。

目标价值是指个体通过社会互动完成预期目标而实现的价值。维持人际价值是指个体通过与他人互动，建立并保持联系来获得亲密关系、友谊、支持等情感价值。自我发现价值是指个体通过社会互动加深对自我的了解。社会价值是指个体通过与他人互动为群体做出贡献，获得他人的认可，以此加强个体在群体中的地位。娱乐价值是指个体通过与他人进行游戏、娱乐等方式而实现的乐趣与价值。

Dholakia 等（2004）、Thomas 和 Thomas（2005）认为，这种娱乐也应该是以互动的方式进行。但当前很多社会网络服务提供大量不需要进行互动就可进行的娱乐应用。因此，在本书中，娱乐价值的实现不一定要通过互动性才能实现，只要满足娱乐性即可。

以上五种价值，四种通过互动性实现，一种通过娱乐性实现，对本书分析感知价值性对用户持续使用意向的影响有重要意义。

六、移动性理论

移动性是未来计算环境的最显著特点之一，它们不需要与物理位置联系在一起，只需通过移动终端在任何时间和地点提供访问和适当的计算服务。

移动性分为两种类型的流动性，即远程移动性和社会流动性。其中，远程移动性是指支持在移动远程物理位置的个体之间进行异步或同步协作和信息共享，如移动电话可在全球范围内的远程移动，从而从物理空间上增强用户的移动感知。

同时，移动性可认为是用户随时随地接入移动网络的能力，从而让服务不受时空限制。这也是移动社会网络服务 MSNS 同传统社会网络服务 SNS 的显著区别，而社会移动性能让个体在移动社会网络服务 MSNS 中扮演不同角色，实现真实世界中不能实现的效果。

第二节　用户持续使用意向的理论研究综述

一、期望确认理论

期望确认理论（Expectation Confirmation Theroy，ECT）起源于市场营销领域，主要用于研究消费者购买前对用户满意度的期望及其购买后用户满意度的对比。Bhattacherjee（2001）首次将 ECT 运用于研究信息系统持续使用领域，认为用户持续使用意向受感知有用性和用户满意度所影响，用户满意度又被感知有用性和期望确认度所影响，感知有用性则受期望确认度影响，并基于上述理论假设构建信息系统领域的持续使用期望确认模型（Expectation Confirmation Model，ECM），最后验证 ECM 模型在该领域的有效性和适用性，如图 2-1 所示。

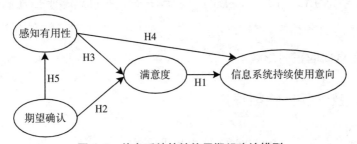

图 2-1　信息系统持续使用期望确认模型

Hayashi 等（2004）基于电子学习系统持续使用情境，在 ECM 模型中扩展计算机自我效能感及社会存在感作为调节变量，验证发现，社会存在感对 ECM 模型有显著调节作用，而计算机自我效能感对 ECM 模型没有显著的调节作用。Lin 等（2005）研究门户网站持续使用，在 ECM 中扩展感知趣味性影响因素，验证了改进模型的解释能力，发现了感知趣味性对用户满意度和持续使用意向有正向影响。Sun 等（2017）基于知识管理系统持续使用意向情境，研究发现，原 ECM 模型中的感知有用性影响因素对用户满意度的正向影响不显著。

Limayem 等（2007）基于万维网持续使用情境，在 ECM 模型中扩展用户习惯和用户持续使用行为两个影响因素，验证了持续使用意向对用户持续使用行为有正向影响。同时研究发现，随着用户习惯对持续使用意向对用户持续使用行为的影响路径有反向影响，即用户习惯越强，则持续使用意向对用户持续使用行为的影响就越弱。

Bhattacherjee 等（2008）验证了在文件管理系统持续使用中感知行为控制对用户持续使用的作用，同时将持续使用行为加入 ECM 模型中。Teresa 等（2004）运用 ECT 和社会认知理论对万维网持续使用进行研究，验证感知控制对持续使用意向之间的影响；Hsu 等（2006）基于网上购物持续使用情境，运用 ECT 和计划行为理论，研究并验证了感知行为控制对用户持续使用意向的正向影响。毕新华等（2011）基于信任和 ECM 模型，在移动商务用户持续使用情境下，研究并验证了感知信任度对用户持续使用意向的正向影响。

二、技术接受模型理论

技术接受模型（Technology Acceptance Model，TAM）主要应用于信息系统采纳领域，其价值被大量的实证研究所证实。TAM 模型重点研究信息系统的初始采纳行为，而用户持续使用行为则是用户初始采纳之后的延续，因此，很多学者对于 TAM 模型进行扩展，从而将其应用于用户持续使用的研究。如图 2-2 所示。

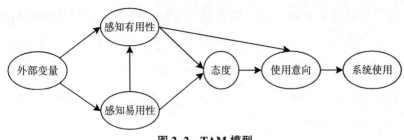

图 2-2 TAM 模型

Gefen 等（2003）基于 B2C 网上购物的用户持续使用情境，对 TAM 模型扩展用户持续使用意向和用户习惯等影响因素，研究并验证用户习惯对用户持续使用意向的显著正向影响。

Ifinedo（2006）基于大学生持续使用网络学习工具的情境，在 TAM 模型中扩展用户持续使用意向作为因变量，同时，扩展技术特征和用户特征两个外生影响因素，并基于爱沙尼亚大学的学生开展实证研究，研究并验证了技术特征和用户特征通过感知有用性间接对用户持续使用意向有正向影响。

三、价值理论

感知价值性是顾客在综合权衡感知利得与感知利失的基础上，对产品或服务效用的主观判断。在市场营销学领域，感知价值性不仅影响顾客对产品或服务的购买或采纳意向或行为，而且直接影响顾客满意度和顾客忠诚度。

很多学者探讨了感知价值性对社会网络服务用户持续使用意向的影响作用，研究证实了感知价值性既可以通过影响用户满意度间接影响用户持续使用意向，也可以直接对用户持续使用意向产生影响。

不同研究人员对于感知价值性构成维度的观点存在一定差异，认为感知价值性可分为结果类和过程类两类价值。结果类价值是指用户对其使用服务后获得的效用，如功能价值、功利性价值；过程类价值是指用户对其使用服务过程中获得的效用，如情感价值、享乐性价值。另外，用户既可能在使用服务过程中获得社交需要的满足，又可能在使用服务过程后获得个人社会形象提升等社会效用，因此，社会性价值既属于结果类价值也属于过程类价值。

社会网络服务用户感知价值性则分为功利性价值、享乐型价值和社会性价值三大类。功利性价值是指用户之间的关系维护与发展、信息内容发布与获取等工具性需要被社会网络服务满足的程度；享乐型价值是指用户休闲娱乐、心情放松和内在愉悦等情感性需要被社会网络服务满足的程度；社会性价值是指用户友谊、归属、尊重等社会性需要被社会网络服务满足的程度。Kim 等（2007）基于移动互联网的用户采纳行为情境，使用感知有用性和感知愉悦性这两个变量来表示感知价值性成分；盛玲玲（2008）基于移动商务用户使用意向情境，功能价值和情感价值被感知有用性和感知愉悦性所代表。

综上所述，本书认为，用户使用社会网络服务所获得的功利性价值和享乐型价值分别用感知互动性和感知娱乐性来代表。此外，上述研究表明影响虚拟社区用户信息共享行为和忠诚的重要因素是归属感，因此，本书利用社群认同、社群影响等变量来代表社会网络服务用户获得的社会性价值。

四、信息系统成功理论

DeLone 和 McLean（1992）基于前人研究基础上，首次提出信息系统成功模型，该模型共包含"对组织的影响""系统质量""信息质量""系统使用""用户满意"及"对个人的影响"6 个变量，共设计了 9 条研究理论假设。时隔 10 年之后，DeLone 和 McLean（2003）基于信息系统成功模型近十年的成果研究，对其进行扩展，从而得到改进 DeLone 和 McLean 模型，又称 D&M 模型。在改进模型中，DeLone 和 McLean 引入 "服务质量"，分别从"系统质量""信息质量"及"服务质量"三个维度来测量信息系统质量，如图 2-3 所示。

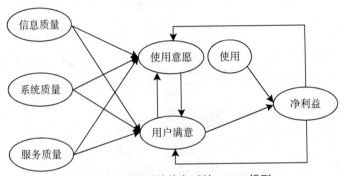

图 2-3 改进后的信息系统 D&M 模型

信息系统成功模型的研究领域主要有：在线学习、电子商务、社交网站、医疗健康、电子政务等。学者们对修正后的 D&M 模型在不同情境下进行了检验。Wang 和 Liao 基于我国台湾电子政务系统情境，研究并验证了 D&M 模型的有效性；Mohammadi 研究并证实了 D&M 模型在电子学习系统中的作用；Tam 和 Oliveira 将 D&M 模型运用到移动支付情境中，认为移动支付的用户满意度被其系统质量、信息质量和服务质量正向影响；孙绍伟等（2017）将 D&M 模型应用于图书馆微信公众号的持续使用研究中；Chatterjee 等研究并验证了 D&M 模型在移动医疗情境下的效用；Rai 等研究并验证技术接受模型、计划行为理论及 D&M 模型等综合理论在信息系统的使用行为效用；Khayun 等研究了 D&M 在政府网站情境下持续使用的效用；Lin 和 Lee 等研究并验证了改进 D&M 模型在虚拟在线社区情境下用户持续使用的效用。

五、其他综合理论

Hong 等（2008）整合 ECT 和计划行为理论，在 Triandis 模型的基础上研究用户习惯、感知转换成本、质量的双重标准、用户满意度和行为态度等影响因素对用户持续使用的影响模型，研究并发现，用户持续使用意向被感知转换成本和行为态度显著正向影响。Lee 等（2007）基于移动网络服务用户持续使用情境，以互动理论和文化透镜模型为理论基础，研究文化因素在移动网络服务持续使用模型中的作用，以韩国、中国香港和中国台湾几大移动网络服务的用户数据为研究样本，结果表明文化因素对持续使用意向有影响。

Kim 和 Son（2009）借鉴社会交换理论，研究在线服务用户持续使用意向的影响因素，研究数据表明，用户持续使用意向被感知有用性和忠诚度显著正向影响，被用户满意度通过忠诚度间接正向影响。

第三节　国内外研究综述评价

（1）在移动社会网络服务 MSNS 用户持续使用意向理论模型中，有一些构念不能被直接测量，需要利用可量化的外部变量进行测量，这为构念带来了不稳定性。移动商务类电子服务领域的测度指标和测量量表比较成熟，但鲜有针对移动社会网络服务的测度指标和测量量表。

（2）移动商务及其他移动服务类用户持续使用意向的研究较多，鲜有针对移动社会网络服务用户持续使用意向的研究。可以借鉴移动商务及其他移动服务类用户持续使用意向研究的成果，但必须充分考虑移动社会网络服务的特点，弄清用户的真实体验，从而更好地促进用户持续使用。

（3）在上述文献中，研究用户持续使用意向模型大部分是基于 ECM 模型，影响用户持续使用意向的因素主要以用户满意度为主。鲜有学者从用户、产品、社会、环境四个维度研究移动社会网络服务用户持续使用意向影响因素。

（4）大部分学者采用性别作为信息系统、移动服务等持续使用模型的调节变量，但少有研究从环境维度影响因素作为调节变量来研究其对移动社会网络服务 MSNS 用户持续使用意向模型的调节作用。

综上所述，本书将从用户、产品、社会及环境四个维度研究移动社会网络服务 MSNS 的用户持续使用意向影响因素，构建移动社会网络服务 MSNS 的用户持续使用意向理论模型，重新设计各影响因素的测量量表及问卷，使用 SPSS 软件对问卷进行信度和效度分析，使用 AMOS 检验用户持续使用意向理论模型的适配度，对理论模型的各影响路径进行分析，验证性别、技术环境和地域背景等调节变量对用户持续使用意向模型的调节作用。

第四节　本章小结

本章主要对移动社会网络服务和用户持续使用意向的研究理论进行综述，为后面章节做理论铺垫。本书认为，移动社会网络服务是信息系统的一种，因此在文献检索时，将信息系统的用户持续使用意向文献也纳入参考文献中，对检索出来的文献进行综述评价。

第三章　移动社会网络服务用户持续使用意向的理论模型

第一节　用户持续使用意向的影响因素及变量定义

一、持续使用意向的影响因素

根据第二章的文献综述，期望确认、价值理论及信任等模型是当前研究信息系统类用户持续使用的主要模型，且用户满意度是主要影响用户持续使用意向的重要因素，因此选择用户满意度因素为影响用户持续使用行为的影响因素；从价值理论模型的视角，选择感知价值性作为影响用户持续使用意向的因素；从信任模型的视角，选择感知信任度作为影响用户持续使用意向的影响因素；考虑持续使用意向通常导致持续使用行为，持续使用行为会逐步形成习惯，而用户习惯则又会对用户持续使用意向产生使用影响。同时，移动社会网络服务 MSNS 一般以信息系统形式呈现，从移动社会网络服务 MSNS 自身的产品视角出发，考虑信息系统的产品（系统）质量、服务质量等对用户持续使用意向的影响；从 MSNS 的社会性特征视角看，用户使用 MSNS 时感觉身处虚拟社会中，会对虚拟社区中的身份或荣誉感很重视，即考虑社群认同、社群影响对用户持续使用意向的影响；从 MSNS 的价值视角看，互动和娱乐是 MSNS 的重要价值，因此考虑感知互动性、感知娱乐性对用户持续使用意向的影响。

综上所述，结合前人研究基础和 MSNS 特征，基于用户维度、产品维度及社会维度等维度，本书认为影响 MSNS 中用户持续使用意向的主要因素包括用户满意度、感知价值性、用户习惯、感知信任度、感知娱乐性、感知互动性、产品（系统）质量、服务质量、社群认同、社群影响等。这 10 个影响因素对 MSNS 的用户持续使用意向具有一定的因果关系，沿着相应的影响路径，对持续使用意向产生直接或间接的影响作用。

而用户维度中的个人性别特征、环境维度的地域背景和技术背景等因素，虽然对持续使用意向并不具备显性的因果关系，但完全有可能对用户持续使用意向相关联的各条影响路径产生调节作用。

同时，用户维度中还有 3 项对持续使用意向不具显性因果关系的个人层次特征，对持续使用意向仍具有一定程度的弱相关作用。对于不同年龄层次、不同学历层次和不同收入层次的个人特征因素，有必要研究它们对移动社会网络服务用户持续使用意向的差异性控制影响。

二、持续使用意向模型的变量组成

从用户持续使用意向的影响因素看，移动社会网络服务 MSNS 的用户持续使用意向模型的变量共包括因变量、自变量、中介变量、调节变量和控制变量等五类变量。

因变量包括：用户持续使用意向（Continuous Intention，CI）；

自变量包括：感知互动性（Perceived Interactivity，PI）、感知娱乐性（Perceived Entertainment，PE）、社群影响（Social Influence，SI）、社群认同（Social Recognition，SR）、产品（系统）质量（System Quality，SYQ）、服务质量（Service Quality，SVQ）、用户习惯（Habit，HAB）、等；

中介变量包括：感知信任度（Perceived Trust，PT）、感知价值性（Perceived Value，PV）、用户满意度（Satisfaction，SAT）；

调节变量包括：性别 Gen、技术背景 Tec、地域背景 Reg；

控制变量包括：年龄层次 Age、学历层次 Edu、收入层次 Inc 等。

具体研究变量如表 3-1 所示。

表 3-1　研究变量汇总

变量模块	变量名称
因变量	持续使用意向 CI
自变量	感知互动性 PI、感知娱乐性 PE、社群影响 SI、社群认同 SR、产品质量 SYQ、服务质量 SVQ、用户习惯 HAB 等
中介变量	感知信任度 PT、感知价值性 PV、用户满意度 SAT
调节变量	性别 Gen、技术背景 Tec、地域背景 Reg
控制变量	年龄层次 Age、学历层次 Edu、收入层次 Inc 等

其中，10 个自变量与因变量 CI 之间均存在明显的直接或间接的因果关系；用户自然属性中的个人层次特征（包括不同年龄层次 Age、不同学历层次 Edu、不同收入层次 Inc），虽然与因变量 CI 之间没有明显的因果关系，但可作为控制变量研究其对用户持续使用意向 CI 的差异性影响；而用户自然属性中的性别特征 Gen、环境维度中的地域背景 Reg 和技术背景 Tec 则可作为调节变量，研究其对用户持续使用意向理论模型的调节作用。

三、持续使用意向模型的因变量

陈国宏等（2017）从移动互联网金融理财余额宝产品的持续使用，白玉（2017）从学术虚拟社区服务的用户持续使用，叶凤云（2016）从移动阅读的用户持续使用，王伟军、甘春梅（2014）以学术博客的网民持续使用，龚主杰等（2013）从虚拟社区成员的持续知识共享，Ng 和 Kwahk（2010）从移动互联服务的用户持续使用，Chen 等（2010）、白凯等（2010）以文化旅游 APP 应用作为研究情境，从各自不同的应用领域阐述了用户持续使用意向的概念界定。Wang 和 Du（2014）则将移动社会网络服务 MSNS 的用户持续使用意向，界定为用户持续使用 MSNS 的主观意向。

移动社会网络服务 MSNS 的用户持续使用意向（Continuous Intention，CI），是指用户愿意长期持续使用相应移动社会网络服务的主观愿望、心理需求和行为趋势与倾向（见表 3-2）。

表 3-2　持续使用意向 CI 的概念界定及理论来源

概念界定	理论文献来源
用户愿意长期持续使用相应移动社会网络服务的主观愿望、心理需求和行为趋势与倾向	陈国宏等（2017）；白玉（2017）；叶凤云（2016）；王伟军、甘春梅（2014）；龚主杰等（2013）；Ng 和 Kwahk（2010）；Chen 等（2010）；白凯等（2010）；Wang 和 Du（2014）

持续使用意向 CI，其直接影响因素主要有用户满意度 SAT、感知信任度 PT、感知价值性 PV 和用户习惯 HAB。

四、持续使用意向模型的自变量

（一）感知互动性（Perceived Interactivity，PI）

西美尔（2002）从社会学领域、Shea 和 Bidjerano（2010）从心理学领域，Rajabi 和 Hakim（2016）从传播学领域，杜杏叶（2005）、赵立响（2006）从情报学领域，分别对 MSNS 感知互动性作出概念界定；McMillan 和 Hwang（2002）从互联网广告应用角度，Weber 等（2014）从视频游戏应用角度、Thorson 和 Rodgers（2006）从博客应用角度，吴满意、廖子夏（2012）从网络社会角度，邓元兵（2015）从移动互联网品牌社区角度，分别阐述了不同应用领域内感知互动性的概念界定（见表 3-3）。

移动社会网络服务 MSNS 的感知互动性是指用户利用 MSNS 平台开展的个人与个人之间、个人与群体之间的信息传播交流及相互作用行为。这种信息的交流与人际互动能无形中提高用户的满意程度。

表 3-3　感知互动性 PI 的概念界定及理论来源

概念界定	理论文献来源
用户利用 MSNS 平台开展的人际之间、个人与社区之间的信息传播交流及相互作用行为	西美尔（2002）；Shea 和 Bidjerano（2010）；Rajabi 和 Hakim（2016）；杜杏叶（2005）；赵立响（2006）；McMillan 和 Hwang（2002）；Weber 等（2014）；Thorson 和 Rodgers（2006）；吴满意、廖子夏（2012）；邓元兵（2015）

感知互动性 PI，直接影响的是用户满意度 SAT，并通过 SAT 间接影响持续使用意向 CI。

（二）感知娱乐性（Perceived Entertainment，PE）

Davis 等（2010）、Zeithaml 等（2002）以信息技术的感知娱乐性，Heijden（2004）、Hong 和 Tam（2006）等以娱乐性、移动数据业务类信息技术的感知娱乐性，邓元兵（2014）以移动互联网品牌社区的感知娱乐性，白玉（2017）以学术虚拟社区的感知娱乐性，Rosen 和 Sherman（2006）基于社会网络服务的感知娱乐性，分别从不同应用领域阐述了感知娱乐性的概念界定（见表 3-4）。

移动社会网络服务 MSNS 的感知娱乐性是指用户使用 MSNS 所能获得的娱乐性效果，包括压力的转移、心情的愉悦和快乐的获得。当用户在使用 MSNS 后获得了愉悦和快乐，就会感觉出 MSNS 的价值性。

表 3-4　感知娱乐性的概念界定及理论来源

概念界定	理论文献来源
用户使用 MSNS 所获得的娱乐性效果，包括压力的转移、心情的愉悦和快乐的获得	Davis 等（2010）；Zeithaml 等（2002）；Heijden（2004）；Hong 和 Tam（2006）；邓元兵（2014）；白玉（2017）；Rosen 和 Sherman（2006）

感知娱乐性 PE，直接影响的是感知价值性 PV，并通过 PV 间接影响持续使用意向 CI。

（三）社群影响（Social Influence，SI）

Liao 等（2007）从信息技术 TPB 理论，Venkatesh 和 Davis（2000）从 TAM2 模型，Rogers（2015）、Lewis（2003）以及 Venkatesh 等（2003）从社群影响理论，陈国宏等（2017）从移动互联网余额宝理财产品角度，周涛、鲁耀斌（2009）从虚拟社区角度，Chan 和 Hu（2002）与 Dickinger 等（2008）基于信息技术使用角度，Ramos（2005）从网络通信技术角度，邓胜利、周婷（2014）从移动互联网品牌社区使用角度，分别对不同应用领域的社群影响作了相应的概念界定（见表 3-5）。

移动社会网络服务 MSNS 的社群影响是指用户使用 MSNS 来传播个人的情感、思想、观点，从而影响其他人，同时被其他人的情感、思想、观点所影响，是用户之间的相互作用。通过这种传播所获得的社会价值和信息价值，增强了用户感知价值性。

表 3-5　社群影响的概念界定及理论来源

概念界定	理论文献来源
用户使用 MSNS 来传播个人的情感、思想、观点，从而影响其他人，同时又被其他人的情感、思想、观点所影响，是用户之间的相互作用	Liao 等（2007）；Venkatesh 和 Davis（2000）；Rogers（2015）；Lewis（2003）；Venkatesh 等（2003）；陈国宏等（2017）；周涛、鲁耀斌（2009）；Chan 和 Hu（2002）；Dickinger 等（2008）；Ramos（2005）；邓胜利、周婷（2014）

社群影响 SI，直接影响的是感知价值性 PV，并通过 PV 间接影响持续使用意向 CI。

（四）社群认同（Social Recognition，SR）

沈杰、王咏（2010）从品牌虚拟社区角度，Bergami 和 Bagozzi（2001）从社会群体组织角度，张莹瑞、佐斌（2006）以及 Mark 和 Miles（2010）从心理学领域，Hogg 和 Terry（2000）从组织情境，邓胜利、周婷（2014）从移动互联网品牌社区角度，分别对不同应用领域的社群认同作出相应的概念界定。

移动社会网络服务 MSNS 用户持续使用 MSNS 时，会关注个体在虚拟社区的身份，利用 MSNS 传播个人专业知识，并在虚拟社区中建立个人自信，从而获得社区中其他成员的尊重和支持。因此，MSNS 社群认同是指用户在使用 MSNS 时所获得的社区群体对用户自身及其特征的集体认可和赞同。这种认可与赞同会强化用户的满意程度。如表 3-6 所示。

表 3-6　社群认同的概念界定及理论来源

概念界定	理论文献来源
用户使用 MSNS 时所获得的社区群体对用户自身及其特征的集体认可和赞同	沈杰、王咏（2010）；Bergami 和 Bagozzi（2001）；张莹瑞、佐斌（2006）；Mark 和 Miles（2010）；Hogg 和 Terry（2000）；邓胜利、周婷（2014）

社群认同 SR，直接影响的是用户满意度 SAT，并通过 SAT 间接影响持续使用意向 CI。

（五）服务质量（Service Quality，SVQ）

Delone 和 Malean（2003）、Zhao 等（2012）以信息系统的服务质量，孙绍伟等（2017）以图书馆微信公众号的服务质量，罗旭红等（2014）以移动支付的服务质量，吕成戍（2016）以农产品信息平台的服务质量，Ravaei 等（2017）、Mckinney 和 Yoon（2002）以网站的服务质量，Ruth 和

Will（2011）、Jiang 等（2016）以电子商务购物网站的服务质量，潘澜等（2016）以移动旅游 APP 的服务质量，肖红（2016）以微信公众号的服务质量，谢广岭（2016）以科学传播网站的服务质量，分别从各自应用领域阐述服务质量的概念界定。

移动社会网络服务 MSNS 的服务质量 SVQ 是指 MSNS 提供的服务能够满足用户体验需求的优劣程度，包括个性化程度、故障响应速度、安全保障程度。优良的服务体验能进一步提高用户的满意程度。如表 3-7 所示。

表 3-7　服务质量的概念界定及理论来源

概念界定	理论文献来源
MSNS 所提供的服务能满足用户使用需求的优劣程度	Delone 和 Malean（2003）；Zhao 等（2012）；孙绍伟等（2017）；罗旭红等（2014）；吕成戌（2016）；Ravaei 等（2017）；Mckinney 和 Yoon（2002）；Ruth 和 Will（2011）；Jiang 等（2016）；潘澜等（2016）；肖红（2016）；谢广岭（2016）

服务质量 SVQ，直接影响的是用户满意度 SAT，并通过 SAT 间接影响持续使用意向 CI。

（六）产品质量 SYQ（System Quality）

Delone 和 Malean（1992）以网站系统的产品质量，张洪（2014）以团购网站的系统质量，孙绍伟等（2017）以微信公众号的系统质量，Rosen 和 Sherman（2006）以享乐型社交网站的系统质量，杨小峰、徐博艺（2009）以政府门户网站的系统质量，Wixom 和 Peter（2005）以信息系统的产品质量，唐莉斯、邓胜利（2012）以社会网络服务网站的系统质量，分别从各自应用领域对 MSNS 的产品（系统）质量作出概述界定（见表3-8）。

移动社会网络服务 MSNS 的产品（系统）质量 SYQ 是指 MSNS 提供的产品能够满足用户使用需求的优劣程度，包括产品的功能、性能及便

表 3-8　产品质量的概念界定及理论来源

概念界定	理论文献来源
MSNS 满足用户使用需求的程度，包括 MSNS 功能、性能及便利性	Delone 和 Malean（1992）；张洪（2014）；孙绍伟等（2017）；Rosen 和 Sherman（2006）；杨小峰、徐博艺（2009）；Wixom 和 Peter（2005）；唐莉斯、邓胜利（2012）

利性。使用需求的满足感，能增强用户对产品的依赖与信任，以下将直接用产品质量替换产品（系统）质量。

产品质量 SYQ，直接影响的是感知信任度 PT，并通过 PT 间接影响持续使用意向 CI。

（七）用户习惯 HAB

Brown 等（2005）从消费者行为角度，Sech 等（2013）、Thadani（2013）以及 Tokunaga（2013）从心理学领域，Limayem 等（2007）和刘倩等（2014）从信息系统角度，张培（2017）从学术数据库角度，Kim 和 Malhotra（2005）基于网站角度，邓胜利和周婷（2014）、刘人境和柴婧（2013）以及曹欢欢等（2015）从社会网络服务角度，分别对不同应用领域的用户习惯做出相应的概念界定。

移动社会网络服务 MSNS 的用户习惯是指用户在使用 MSNS 时，已经不用经过主观认知判断就会自然而然发生的重复性行为。如表 3-9 所示。

表 3-9　用户习惯的概念界定及理论来源

概念界定	理论文献来源
用户使用 MSNS 已经不用经过主观认知判断就会自然而然发生的重复性行为	Brown 等（2005）；Sech 等（2013）；Thadani（2013）；Tokunaga（2013）；Limayem 等（2007）；刘倩等（2014）；张培（2017）；Kim 和 Malhotra（2005）；刘人境、柴婧（2013）；邓胜利、周婷（2014）；曹欢欢等（2015）

用户习惯 HAB，直接影响持续使用意向 CI。

五、持续使用意向模型的中介变量

(一) 感知信任度 (Perceived Trust, PT)

Tan 和 Thoen（2000）、McKnight 等（2002）以及 Lee 和 Turban（2001）从电子商务网站角度，刘人境、柴婧（2013）从社会网络服务角度，刘蔓（2014）从移动互联网余额宝理财平台应用角度，于申（2016）从社会化阅读平台应用角度，Fafchamps 和 Durlauf（2004）从社会资本理论角度，分别阐述不同应用领域感知信任度的概念界定。

移动社会网络服务 MSNS 的感知信任度是因为 MSNS 删除产品让用户充分满足了自身的使用需求，从而对 MSNS 产生的一种依赖信任关系。因此，产品质量的优劣往往会影响用户的感知信任度。如表 3-10 所示。

表 3-10 感知信任度的概念界定及理论来源

概念界定	理论文献来源
因 MSNS 的产品让用户充分满足了自身的使用需求，从而对 MSNS 产生的一种依赖信任关系	Tan 和 Thoen（2000）；McKnight 等（2002）；Lee 和 Turban（2001）；刘人境、柴婧（2013）；刘蔓（2014）；于申（2016）；Fafchamps 和 Durlauf（2004）

感知信任度 PT 作为中介变量，直接影响持续使用意向 CI，同时其自身又受到产品质量 SYQ 的影响。

(二) 感知价值性 (Perceived Value, PV)

Lai（2004）从移动短信业务使用角度，陈国宏等（2017）从移动互联网余额宝金融理财产品角度，白玉（2017）从学术虚拟社区角度，叶凤云（2016）从移动阅读角度，于申（2016）从社会化阅读平台角度，Aldebei 和 Allozi（2014）从移动数据业务角度，赵文军等（2017）从社会化问答平台角度，杨善林等（2015）从在线社交网络角度，Huang 等（2007）从移动学习角度，分别对不同应用领域感知价值性做出相应的概念界定。赵文军、周新民（2017）指出，感知价值性是顾客在购买或使用产品的整个过程中，所收获的效用与所付出的成本之间的权衡或比较。

移动社会网络服务 MSNS 的感知价值性是指用户使用 MSNS 后的收获与使用 MSNS 所花费的成本之间的权衡或比较。其中，收获包括娱乐价值和社会价值，成本包括所花费的资金、时间与精力等。如表 3-11 所示。

表 3-11　感知价值性的概念界定及理论来源

概念界定	理论文献来源
用户使用 MSNS 后的收获与使用 MSNS 所花费的成本之间的权衡或比较。其中收获包括娱乐价值和社会价值，成本包括所花费的资金、时间与精力等	Lai（2004）；陈国宏等（2017）；白玉（2017）；叶凤云（2016）；于申（2016）；Aldebei 和 Allozi（2014）；赵文军等（2017）；杨善林等（2015）；Huang 等（2007）；赵文军、周新民（2017）

感知价值性 PV 作为中介变量，直接影响持续使用意向 CI，同时其自身又受到感知娱乐性 PE 和社群影响 SI 的影响。

（三）用户满意度（Satisfaction，SAT）

Almossawi（2012）从消费者行为角度，Bhattacherjee（2001）从信息系统角度，张洪（2014）从网络团购角度，叶凤云（2016）从移动阅读角度，谢广岭（2016）从科学传播网站角度，分别对不同应用领域的用户满意度作出概念界定。

移动社会网络服务 MSNS 的用户满意度是指用户使用 MSNS 前的期望与使用 MSNS 后的体验感之间的对比。如表 3-12 所示。

表 3-12　用户满意度的概念界定及理论来源

概念界定	理论文献来源
用户使用 MSNS 前对用户使用 MSNS 的期望与用户使用后的感觉的对比	Almossawi（2012）；Bhattacherjee（2001）；张洪（2014）；叶凤云（2016）；谢广岭（2016）

用户满意度 SAT 作为中介变量，直接影响持续使用意向 CI，同时其自身又受到感知互动性 PI、社群认同 SR 及服务质量 SVQ 的影响。

六、持续使用意向模型的调节变量及控制变量

感知价值性、感知娱乐性、感知互动性和感知信任度，都是出自用户的心理感受；用户习惯和用户满意度是用户使用 MSNS 后心理感受的累积效果；服务质量和产品质量的优劣同样是用户对所涉及的事（服务）和物（产品或系统）心理感受结果；社群认同和社群影响是用户对周边人群影响的心理感受结果；用户持续使用意向更是明显属于心理层面。因此，前面分析的因变量、自变量和中介变量三类影响因素，都与用户的心理感受强相关。

MSNS 用户还有一些与心理感受弱相关甚至零相关的属性特征，包括用户个人特征和用户环境特征。

用户个人特征，是指用户个人自然属性的基本特征，指性别特征、层次特征（年龄层次、学历层次、收入层次）；用户环境特征，则强调的是周边环境的影响背景：地域文化背景、技术特色背景。

这些非心理因素或弱心理因素虽然不直接对用户持续使用意向产生因果关系式的影响，但完全有可能作为调节变量对其影响路径产生调节性影响，作为控制变量对用户持续使用意向产生显著差异性的影响。

在实证研究过程中，控制变量与因变量产生共变关系从而影响因变量，导致自变量和因变量之间不能做出因果推断。控制变量既可以是感知型的也可以是非感知型的。

以上概念的界定有足够的理论文献支撑，董正浩（2014）认为，移动互联网用户自然属性主要包括区域属性、生理属性与社会属性三大类，其中区域属性指用户成长所在地；生理属性指用户的性别、年龄、身高

等；社会属性指用户婚否、行业职业、教育程度、工作收入等；曹越、毕新华（2014）认为，用户特征应考虑用户性别及使用经验两个特征；Moryson和Moeser（2016）则认为，用户特征应该包括用户性别、年龄、信息技术使用年限及使用背景等特征；Asadullah等（2015）认为，用户特征包括用户性别、年龄及教育程度；程慧平、王建亚（2017）则认为，用户特征包括年龄、性别、教育程度、所学专业、从事职业、用户网龄年限、个人使用年限、使用云存储的频率和情境等；张冕、鲁耀斌（2014）认为，电子商务领域的用户特征包括用户性别；茆意宏（2012）强调移动性是移动图书馆的主要技术特征。如表3-13所示。

表 3-13　（非心理因素的）用户属性特征的概念界定及理论来源

概念界定	理论文献来源
包括用户个人特征（性别、年龄、学历、收入）； 用户环境特征（地域背景、技术背景）	董正浩（2014）；曹越、毕新华（2014）；Moryson 和 Moeser（2016）；Asadullah 等（2015）；程慧平、王建亚（2017）；张冕、鲁耀斌（2014）；茆意宏（2012）

本书的调节变量选用用户基本特征中的性别特征及用户环境特征中的地域文化背景和技术特色背景；控制变量则选用用户基本特征中的层次特征（年龄层次、学历层次和收入层次），均是属于非感知型的。

第二节　用户持续使用意向模型的研究假设

一、用户满意度对持续使用意向的影响

移动社会网络服务 MSNS 实质上是一种信息系统的应用，当前关于信

息系统持续使用意向研究的主要理论以期望确认理论为主，该理论最关注的用户满意度被认为是影响移动用户持续使用意向的主要因素。

Bhattacherjee（2001）研究用户持续使用电子银行系统行为，认为用户满意度正向影响用户持续使用意向；黎斌（2012）研究微博用户持续使用行为，认为满意度会正向影响微博用户持续使用意向；Chiu 等（2005）认为，网络学习系统情境下，用户满意度会正向影响用户持续使用意向；赵玲（2011）基于虚拟社群情境，张洪（2014）基于团购网站背景，叶凤云（2016）基于移动阅读情境，均研究并验证了用户或顾客的满意度对相应的移动社会网络服务持续使用具有正向影响作用。

综上所述，移动社会网络服务 MSNS 作为一种具备鲜明社会性特征和明显移动性特征的信息系统应用，必然遵循信息系统持续使用的主要理论——期望确认理论，因此用户满意度是正向影响用户持续使用意向的主要因素，用户满意度越高，持续使用的意向就越强。据此给出如下假设：

假设 1（H1）：用户满意度对 MSNS 的用户持续使用意向有正向影响。

二、感知信任度对持续使用意向的影响

Jarvenpaa 等（2000）基于网上商店重复购物情境，Pavlou（2003）基于电子商务购物情境，王哲（2017）基于电子商务平台用户持续使用意向情境，刘蔓（2014）基于互联网金融产品余额宝应用的持续使用情境，王学东等（2016）基于移动社会化电子商务品牌公众主页持续使用意愿情境，徐美凤、叶继元（2011）基于学术虚拟社区中用户持续知识共享行为情境，杨海娟（2014）基于社会化问答网站用户持续使用意向情境，于申（2016）基于社会化阅读平台中用户持续知识共享行为情境，李婷（2014）基于移动购物消费者持续使用意向情境，Tung 等（2008）基于信息系统持续使用情境，Hung 等（2012）基于移动购物消费者的持续使用

意向情境，王玮、刘玉（2014）基于在线旅游网站持续使用情境，赵青等（2013）基于移动商务持续使用情境，黄柏淅、朱小东（2016）基于移动社交类 APP 持续使用情境，潘澜等（2016）基于旅游 APP 持续使用情境，周涛等（2009）基于移动支付的持续性使用意向情境，分别从不同应用领域验证了感知信任度对用户持续使用意向的正向影响。

综上所述，用户对移动服务或相关信息系统服务的感知信任度越高，其持续使用的意愿越强烈。据此提出如下假设：

假设 2（H2）：感知信任度对 MSNS 的用户持续使用意向有正向影响。

三、感知价值性对持续使用意向的影响

Wang 等（2010）基于移动酒店预订系统持续使用情境，周毅等（2010）基于移动数据业务用户持续使用情境，吴朝彦、黄磊（2015）基于移动社交媒体持续使用情境，白玉（2017）基于学术虚拟社区持续使用情境，陈国宏等（2017）基于互联网金融理财服务余额宝产品的用户持续使用情境，Ng 和 Kwahk（2010）基于移动互联服务用户持续使用情境，Wang 和 Du（2014）基于移动社交网站用户持续使用情境，王伟军、甘春梅（2014）基于学术博客用户持续使用情境，范钧（2017）基于企业微信公众号用户持续使用情境，叶凤云（2016）基于移动阅读用户持续使用情境，陈美玲等（2014）基于移动学习技术用户持续使用情境，李锐等（2016）基于朗文交互英语平台用户持续使用情境，卢宝周等（2016）基于网络团购用户持续使用情境，分别从不同应用领域验证了感知价值性对用户持续使用意向的正向影响。

赵文军、周新民（2017）基于移动社会网络服务持续使用情境，验证感知价值性正向影响用户持续使用意向。

综上所述，用户对移动服务或相关信息系统服务的感知价值性越高，

用户持续使用的意愿越强。据此提出如下假设：

假设 3（H3）：感知价值性对 MSNS 的用户持续使用意向有正向影响。

四、感知互动性对用户满意度的影响

伴随着移动互联网技术的快速发展，用户使用手机等移动终端工具访问移动社会网络服务 MSNS，打破了人与人之间的社会距离，缩短了人与人之间的空间距离，加强了人与人之间的心理距离，能随时随地开展个人与个人之间、个人与社群之间的互动交流，吸引了广大用户的参与，提高了用户使用移动社会网络服务的满意度。

Michael（2008）基于互联网应用情境，Barker（2009）基于 SNS 社区持续使用情境，宁连举等（2013）、夏芝宁（2010）基于在线社会网络服务持续使用情境，邓元兵（2015）、Brodie 等（2013）基于在线品牌社区持续使用情境，分别从各自不同应用领域验证了感知互动性正向影响用户满意度。

综上所述，用户对移动服务或相关信息系统服务的感知互动性越高，用户满意度越高。据此提出如下假设：

假设 4（H4）：感知互动性对 MSNS 的用户满意度有正向影响。

五、社群认同对用户满意度的影响

Mark 和 Miles（2010）认为，社群认同是个体在所处群体组织中的各种认同。移动社会网络服务 MSNS 将原本是弱关系的个体按照一定的兴趣、爱好及其他特征集中组织成一个移动社区群体。在移动社区群体中，个体既要在个体与个体之间的层面自我表现，又要考虑个体如何来满足他们的归属需求。在社群认同的驱动下，移动社群中的个体会主动与群体其他成员信念一致地行动。当个体的认同需求未被满足时，个体会产生复杂且动荡的情绪，从而对用户满意度产生不利影响。移动社会网络服务 MSNS 可以利用社区认同来约束用户遵守移动社会网络的规范、习惯及目标，从而提高用户满意度。

胡兵等（2015）基于消费者参与产品定制情境，殷国鹏、杨波（2010）基于移动社会网络服务持续使用情境，桑志芹、夏少昂（2013）基于城市居民社区情境，王永贵、马双（2013）基于虚拟品牌社区情境，分别从不同应用领域验证了社群认同对用户满意度有正向影响。

综上所述，用户对移动服务或相关信息系统服务的社群认同越高，则用户满意度越高。据此提出如下假设：

假设 5（H5）：社群认同对 MSNS 的用户满意度有正向影响。

六、服务质量对用户满意度的影响

用户使用移动社会网络服务 MSNS 遇到问题时，希望平台能及时响应并迅速解决问题，提高用户使用 MSNS 的体验，从而提升用户满意度。

Delone 和 Malean（2003）基于信息系统持续使用情境，顾佐佐等（2015）基于大学生群体使用科学学术导航 LibGuides 应用情境，孙绍伟等（2017）基于图书馆微信公众号持续使用情境，Alali 和 Salim（2013）基于健康论坛持续使用情境，罗旭红等（2014）基于移动支付持续使用情境，吕成戍（2016）基于农产品信息平台持续使用情境，刘文华（2013）基于网上银行持续使用情境，肖红（2016）基于微信公众号持续使用情境，Shin 等（2013）基于购物网站持续使用情境，陈明红等（2016）基于高校移动图书馆持续使用情境，胡莹（2013）基于移动微博持续使用意向情境，杨根福（2015）基于移动阅读持续使用情境，潘澜等（2016）基于移动旅游 APP 持续使用情境，分别从各自不同应用领域验证了服务质量对用户满意度有正向影响。

综上所述，移动服务或相关信息系统服务的服务质量感知越高，用户满意度越高。据此提出如下假设：

假设 6（H6）：服务质量对 MSNS 的用户满意度有正向影响。

七、产品质量对感知信任度的影响

移动社会网络服务 MSNS 是基于移动互联网信息系统的一种应用，移动社会网络服务 MSNS 的界面友好度、功能完善度、操作流畅度等会提升用户使用 MSNS 的体验，逐步让用户产生对 MSNS 的依赖感，从而产生信任感。

顾佐佐等（2015）基于大学生群体使用科学学术导航 LibGuides 应用情境，史新伟（2014）基于信息系统持续使用意向情境，卢新元等（2015）基于众包服务网站持续使用情境，林家宝等（2015）基于电子商务网站重复购物的情境，唐莉斯、邓胜利（2012）基于社会网络服务网站持续使用情境，分别从各自不同应用领域验证了产品质量对用户感知信任度有正向影响。

综上所述，移动服务或相关信息系统服务的产品质量感知越好，则用户感知信任度越高。据此提出如下假设：

假设 7（H7）：产品质量对 MSNS 用户的感知信任度有正向影响。

八、感知娱乐性对感知价值性的影响

移动社交网络服务 MSNS 是享乐信息系统的一种应用，其享乐型价值是指移动社会网络服务满足用户休闲娱乐、心情放松和内在愉悦等情感性需要的程度。

Davis 等（2010）基于信息系统持续使用情境，Kim 等（2007）基于移动互联网服务情境，Heijden（2004）基于信息技术持续使用情境，Lu

和 Su（2009）基于网上商店重复购买情境，王晰巍等（2017）基于新媒体技术的情境，分别从各自不同应用领域验证了感知娱乐性正向影响感知价值性。

感知娱乐性是指用户使用移动社会网络服务过程中所感受到的愉悦、享受。当移动社会网络服务能够为用户带来更高程度的享乐性时，用户会更容易感受到移动社会网络服务价值。

综上所述，用户对移动服务或相关信息系统服务的感知娱乐性越强，则用户感知价值性越高。据此提出如下假设：

假设 8（H8）：感知娱乐性对 MSNS 用户的感知价值性有正向影响。

九、社群影响对感知价值性的影响

虚拟社区感是移动社会网络服务 MSNS 的主要特征之一。用户通过使用 MSNS 各取所需。根据结构同位理论，用户会很自然地接受社区群体中其他成员的影响持续使用 MSNS。用户通过使用 MSNS 进行人际之间情感、观点及思想的互动交流，让社会群体中的成员们既能获得社会性价值，又能获得情感价值。

周毅等（2010）基于移动数据业务持续使用情境，Dickinger 等（2008）基于信息技术持续使用情境，金玉芳等（2011）基于网上商店重复购买情境，分别从各自不同应用领域验证了社群影响对感知价值性的正向影响。

综上所述，用户对移动服务或相关信息系统服务的社群影响感知越大，则用户感知价值性越高。据此提出如下假设：

假设 9（H9）：社群影响对 MSNS 用户的感知价值性有正向影响。

十、用户习惯对持续使用意向的影响

在当前的研究中，很多专家学者研究了用户习惯对用户持续使用意向的重要影响，当用户使用移动社会网络服务时，个人习惯会对用户持续使用意向有重要的影响，习惯是无意识的行为，可能会不遵循用户的意图而做出决策。

Limayem 和 Hirt（2003）基于信息系统用户持续使用情境，张培（2017）基于学术数据库检索持续使用情境，Hsiao 等（2016）基于移动社交 APP 持续使用情境，Wu 和 Kuo（2008）基于谷歌搜索持续使用情境，Huang 等（2013）基于数据挖掘工具持续使用情境，陈明红等（2016）基于移动图书馆使用情境，分别从各自不同应用领域验证了用户习惯对用户持续使用意向有正向影响。

当用户形成对移动社会网络服务使用习惯后，会进一步提升移动社会网络服务持续使用意向，从而提出如下假设：

假设 10（H10）：用户习惯对 MSNS 的用户持续使用意向有正向影响。

十一、控制变量对持续使用意向的影响

程慧平、王建亚（2017）基于个人云存储情境，将用户特征分为用户的人口统计特征和互联网及云存储使用经验特征。其中，人口特征包括性别、年龄、学历、是否具有计算机专业背景、职业等；互联网和云存储使用经历特征，包括互联网使用年限、个人云存储使用时间、使用情境、使用频率等，研究并证明了用户特征对其使用个人云存储感知和意向的影响。汤志伟等（2017）基于政府网站背景分析了使用用户群体特征对政府网站公众持续使用的意向研究；Moryson 和 Moeser（2016）研究基于云计算服务持续使用情境，以用户的性别、年龄、IT 使用年限和使用情境特征为用户特征；Asadullah 等（2015）则以用户的年龄、性别和教育层次特征等作为用户特征，研究其对用户持续使用意向影响；谢广岭（2016）研究用户性别、年龄、教育程度及收入等用户特征对科技传

播网站的持续使用意向。

移动社会网络服务用户的自然属性，可以从生理特性和社会特性两方面分析。本书选择用户生理特性的年龄层次和社会特性的学历层次及收入层次作为用户自然属性的层次特征，它们对用户持续使用意向会产生不同程度的影响，据此提出如下假设：

假设 11（H11）：移动社会网络服务用户属性的层次特征对用户持续使用意向有显著差异化影响。

H11a：用户年龄层次对用户持续使用意向显著差异化有影响；

H11b：用户学历层次对用户持续使用意向显著差异化有影响；

H11c：用户收入层次对用户持续使用意向显著差异化有影响。

十二、调节变量对使用意向的影响

（一）用户性别对使用意向的影响

社会角色理论认为由于社会所制定的两性劳动分工导致了性别角色期望及性别类技能上的差异，从而促成了男女在社会行为上的不同。

管红波等（2017）基于高校社区 O2O 生鲜电商顾客忠诚度背景，高峰（2012）基于高校教师网络教学持续使用情境，张冕、鲁耀斌（2014）基于信息管理和电子商务持续使用情境，Krasnova 等（2017）基于 Facebook 持续使用情景，Lin 等（2016）基于 SNS 持续使用情境、Guo（2015）基于 SNS 使用情境，分别从各自不同应用领域验证了性别对用户持续使用意向理论模型的调节作用。

综上所述，用户性别会对移动服务或相关信息系统服务的用户持续使用意向产生不同程度的影响，据此提出如下假设：

假设 12（H12）：用户性别对用户持续使用意向的相关影响路径有调节作用。

H12a：用户性别对 **H1** 路径（用户满意度影响持续使用意向）有调节作用；

H12b：用户性别对 **H8** 路径（感知娱乐性影响感知价值性）有调节作用；

H12c：用户性别对 **H3** 路径（感知价值性影响持续使用意向）有调节作用；

H12d：用户性别对 **H6** 路径（服务质量影响用户满意度）有调节作用；

H12e：用户性别对 **H5** 路径（社群认同影响用户满意度）有调节作用；

H12f：用户性别对 **H7** 路径（产品质量影响感知信任度）有调节作用；

H12g：用户性别对 **H9** 路径（社群影响影响感知价值性）有调节作用；

H12h：用户性别对 **H4** 路径（感知互动性影响用户满意度）有调节作用；

H12i：用户性别对 **H2** 路径（感知信任度影响持续使用意向）有调节作用；

H12j：用户性别对 **H10** 路径（用户习惯影响持续使用意向）有调节作用。

（二）技术背景对使用意向的影响

MSNS 中技术背景主要包括移动性和网络性特征，移动性主要表现为移动终端设备和移动服务的模式特征；网络性则是指移动互联网的接入方式。Al-Sanabani（2008）认为，远程移动性是在移动远程物理位置的个人之间进行异步或同步协作和信息共享，如当前流行的 4G 甚至 5G 移动电话和全球定位系统旨在支持全球范围内的远程移动。Ngai 和 Gunasekaran（2007）认为，移动性是指用户能在任何时间、任何地点接入移动网络的能力。这也是移动社会网络服务与传统社会网络服务的显著区别之一。

茆意宏（2012）基于移动图书馆持续使用情境，研究认为移动性能帮助用户不受时空限制，能快捷地获取图书馆资源，促进用户使用；董正浩（2014）认为移动互联网用户还应该关注一些新的技术环境特征，如流量、Wi-Fi、智能终端等。

　　综上所述，技术背景会对移动服务或相关信息系统服务用户持续使用意向的影响路径产生不同程度的影响作用，据此本书提出如下假设：

　　假设 13（H13）：技术背景对用户持续使用意向的相关影响路径有调节作用。

　　H13a：技术背景对 H1 路径（用户满意度影响持续使用意向）有调节作用；

　　H13b：技术背景对 H8 路径（感知娱乐性影响感知价值性）有调节作用；

　　H13c：技术背景对 H3 路径（感知价值性影响持续使用意向）有调节作用；

　　H13d：技术背景对 H6 路径（服务质量影响用户满意度）有调节作用；

　　H13e：技术背景对 H5 路径（社群认同影响用户满意度）有调节作用；

　　H13f：技术背景对 H7 路径（产品质量影响感知信任度）有调节作用；

　　H13g：技术背景对 H9 路径（社群影响影响感知价值性）有调节作用；

　　H13h：技术背景对 H4 路径（感知互动性影响用户满意度）有调节作用；

　　H13i：技术背景对 H2 路径（感知信任度影响持续使用意向）有调节作用；

　　H13j：技术背景对 H10 路径（用户习惯影响持续使用意向）有调节作用。

（三）地域背景对使用意向的影响

Lee 等（2007）基于移动网络服务持续使用情境，李毅等（2016）基于教师群体信息技术使用的情境，Maldonado 等（2009）基于信息技术持续使用情境，林秀钦、黄荣怀（2009）基于教师信息技术持续使用情境，分别从各自不同应用领域验证了地域背景对用户持续使用意向的调节作用。

综上所述，地域背景会对移动服务或相关信息系统服务用户持续使用意向产生不同程度的影响，据此本书提出如下假设：

假设 14（H14）：地域背景对用户持续使用意向的相关影响路径有调节作用。

H14a：地域背景对 H1 路径（用户满意度影响持续使用意向）有调节作用；

H14b：地域背景对 H8 路径（感知娱乐性影响感知价值性）有调节作用；

H14c：地域背景对 H3 路径（感知价值性影响持续使用意向）有调节作用；

H14d：地域背景对 H6 路径（服务质量影响用户满意度）有调节作用；

H14e：地域背景对 H5 路径（社群认同影响用户满意度）有调节作用；

H14f：地域背景对 H7 路径（产品质量影响感知信任度）有调节作用；

H14g：地域背景对 H9 路径（社群影响影响感知价值性）有调节作用；

H14h：地域背景对 H4 路径（感知互动性影响用户满意度）有调节作用；

H14i：地域背景对 H2 路径（感知信任度影响持续使用意向）有调节作用；

H14j：地域背景对 H10 路径（用户习惯影响持续使用意向）有调节作用。

第三节　用户持续使用意向的模型构建

一、持续使用意向的研究结构

移动社会网络服务 MSNS 用户持续使用意向的影响因素研究分为四个层次：影响的主体层、影响视角层、影响因素层和影响客体层。

主体层包括技术开发商、服务提供商和用户自身。其中，用户是移动社会网络服务的核心。服务提供商通过移动社会网络服务平台，与用户不断进行互动，丰富平台内容，吸引用户关注；技术开发商通过优化和维护移动社会网络服务，为用户提供良好的技术服务和技术保障；用户则通过使用技术开发商提供的平台，享受其所提供的相对稳定的社群关系，分享服务商提供的丰富多样的平台内容，不断加深对平台的依赖，由此形成一个相对稳定的良性生态圈。

主体层的三类人员，依托视角层的五种不同视角（用户特征视角、心理感知视角、技术服务视角、社会交往视角、背景环境视角），形成因素层的四类影响因素（用户维度因素、产品维度因素、社会维度因素、环境维度因素），影响和作用于客体层的用户持续使用意向，导致其持续使用行为的发生。

这四大类影响因素形成了用户持续使用意向研究的主体布局。

移动社会网络服务用户持续使用，应先从用户维度的基本特征视角出发，研究用户的基本特征对持续使用意向的影响；同时，考虑用户使用移动社会网络服务之后的心理感知对持续使用意向的影响。

产品是移动社会网络服务生存的基石，产品因素也是影响持续使用意向的重要维度。移动社会网络服务通常以信息系统的形式出现，从信息系统的技术服务视角看，需要考虑信息系统的产品质量及其服务质量对 MSNS 用户持续使用意向的影响。

虚拟社区化是移动社会网络服务的主要特征之一，社群影响因素同样是影响持续使用意向的重要维度。研究 MSNS 用户持续使用意向时，需要通过虚拟社区特征来考虑社群组织对用户持续使用意向的影响。

我国地大物博，东西部区域的经济、文化及信息技术基础等环境差异较大，研究 MSNS 用户持续使用意向时，必须考虑用户所处环境因素对其使用意向的影响。

综上所述，本书通过研究分析影响媒介和主体的特征，从用户特征视角、用户使用后心理感知视角、技术服务视角、社会交往视角及背景环境视角等五大视角来开展研究，分别从用户、产品、社会及环境四维度研究影响 MSNS 用户持续使用的因素，最终构建 MSNS 用户持续使用模型。

MSNS 用户持续使用意向的研究结构，如图 3-1 所示。

研究客体包括用户持续使用意向和用户持续使用行为两部分。由于用户持续使用意向往往会导致用户持续使用行为，因此本书的"用户持续使用"重点研究"用户持续使用意向"。

二、持续使用意向的模型组成

（一）基于用户维度心理感知视角的持续使用意向子模型

用户是移动社会网络服务的核心。如图 3-1 所示，从用户维度看，研究 MSNS 用户持续使用意向的影响因素可以从用户心理感知视角和用户个人特征视角两个方面进行。从用户心理感知视角主要是从用户使用

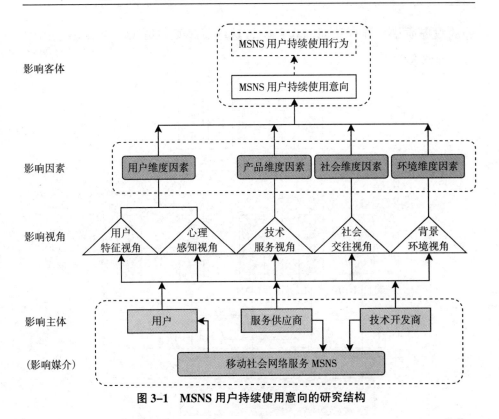

图 3-1 MSNS 用户持续使用意向的研究结构

MSNS 后的心理感知，如用户对使用 MSNS 后的满意程度（用户满意度）、用户对使用 MSNS 所收获的价值感，如娱乐价值、社会价值及情感价值（感知价值性）、用户对所使用 MSNS 的信任程度（感知信任度）、用户使用 MSNS 的习惯程度、用户使用 MSNS 收获的娱乐程度（感知娱乐性）、用户使用 MSNS 进行互动的程度（感知互动性）等心理感知对 MSNS 用户持续使用意向的影响；其中用户满意度、感知价值性、感知信任度及用户习惯对用户持续使用意向会有影响；感知娱乐性对用户感知价值性有影响；感知互动性对用户满意度有影响。如图 3-2 所示。另外，本子模型中的感知信任度会受到模型之外的产品质量因素影响，感知价值性还会受到模型之外的社群影响因素作用，而用户满意度则还会受到模型之外的服务质量与社群认同因素影响，这些子模型之外的影响作用，图中以虚线箭头表示。

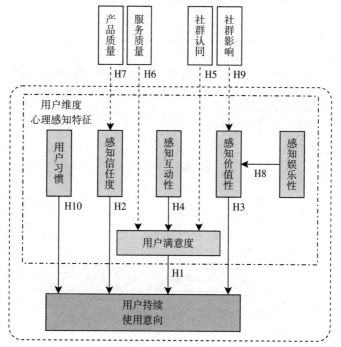

图3-2　基于用户维度心理感知视角的 MSNS 用户持续使用意向子模型

（二）基于产品维度的持续使用意向子模型

产品是移动社会网络服务的基石。如图 3-1 所示，MSNS 一般通过信息系统形式表示，因此信息系统的研究视角和理论都可以应用于 MSNS 上。根据信息系统技术服务视角和信息系统成功理论，MSNS 产品质量的好坏会影响用户对其信任程度，从而间接影响用户持续使用意向；MSNS 服务质量的好坏与否会通过影响用户满意度来间接影响用户持续使用意向，如图 3-3 所示。另外，本子模型中的用户满意度还会受到模型之外的社群认同与感知互动性因素影响，这些子模型之外的影响作用，图中以虚线箭头表示。

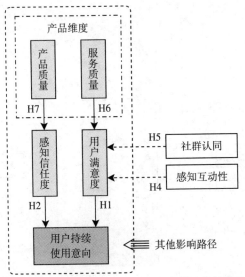

图 3-3 基于产品维度（技术服务视角）的 MSNS 用户持续使用意向子模型

（三）基于社会维度的持续使用意向子模型

移动社会网络服务是虚拟社区形式的一种，因此移动社会网络服务具有虚拟社区特征。用户持续使用的动机来自对社群组织的认同感以及受社群组织同等地位人群的影响。社群认同感表明用户对个体在社会群体中地位的认同，从而收获在社会群体中的荣誉感；社群影响表明用户受社会群体中同等地位及上层人群的影响而持续使用 MSNS，同时自身也通过 MSNS 来影响其他个体的程度，从而收获社会价值。因此，研究 MSNS 用户持续使用意向影响因素应该考虑社会维度，分别研究社群认同及社群影响对用户持续使用意向的影响，其中社群认同通过用户满意度来影响用户持续使用意向，社群影响通过感知价值性来影响用户持续使用意向，如图 3-4 所示。另外，本子模型中的感知价值性会受到子模型之外感知娱乐性的影响，而用户满意度则还会受到模型之外的服务质量与感知互动性影响，这些子模型之外的影响作用，图中以虚线箭头表示。

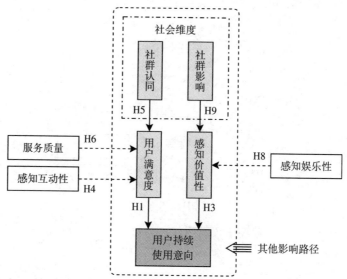

图3-4 基于社会维度（社会交往视角）的 MSNS 用户持续使用意向子模型

（四）基于环境维度地域技术背景视角的持续使用意向的调节模型

现有研究表明，文化背景、地域背景及技术特征背景等对用户持续使用意向会有一定的影响。本问卷调研对象是全国各地的 MSNS 用户，不同区域的经济文化背景不一，研究 MSNS 用户持续使用影响因素需要考虑地域背景的调节作用；技术接受模型认为技术特征会对使用意向有影响，陈明红等（2017）认为，MSNS 特征会对用户持续使用有调节作用，因此，本书从环境维度的技术背景来研究其对 MSNS 用户持续使用模型的调节作用，如图3-5所示。

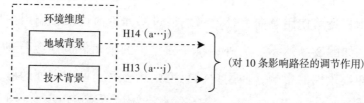

图3-5 基于环境维度地域技术背景视角的 MSNS 用户持续使用意向调节模型

（五）基于用户维度性别生理特征视角的持续使用意向调节模型

研究用户性别对 MSNS 用户持续使用意向的调节作用，如图 3-6 所示。

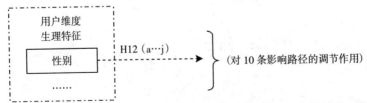

图 3-6　基于用户维度性别生理特征视角的 MSNS 用户持续使用意向的调节模型

（六）基于用户维度个人层次特征视角的持续使用意向补充模型

在实证研究的研究设计中纳入控制变量，并在统计分析时进行统计控制，已经成为管理研究中的一种惯例而被广为接受。从用户个人特征视角，以其层次特征（年龄层次、学历层次及收入层次）等非感知性的控制变量来研究 MSNS 用户持续使用意向的显著差异性影响，如图 3-7 所示。

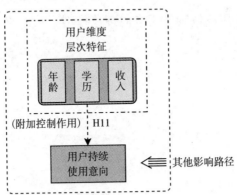

图 3-7　基于用户维度个人层次特征视角的 MSNS 用户持续使用意向补充模型

三、持续使用意向的理论模型

综上所述，本书从用户个人特征、心理感知、技术服务、社会交往及背景环境等视角来研究用户、产品、社会及环境四维度的 MSNS 用户持续使用意向的影响因素，构建本书的理论假设模型，如图 3-8 所示。

第四节 本章小结

本章在现有理论基础上，基于用户、产品、社会及环境四维度分析移动社会网络服务用户持续使用意向的感知价值性、感知信任度、用户满意度、用户习惯、感知互动性、感知娱乐性、社群认同、社群影响、产品质量、服务质量及持续使用意向等影响因素，重新对上述影响因素进行定义，提出各影响因素之间的影响关系假设，同时将用户自然属性的年龄、学历及收入等层次特征作为影响模型的控制变量；将性别、技术背景及地域背景等作为 MSNS 用户持续使用理论模型的调节变量，最终构建四维度 MSNS 用户持续使用意向理论模型。

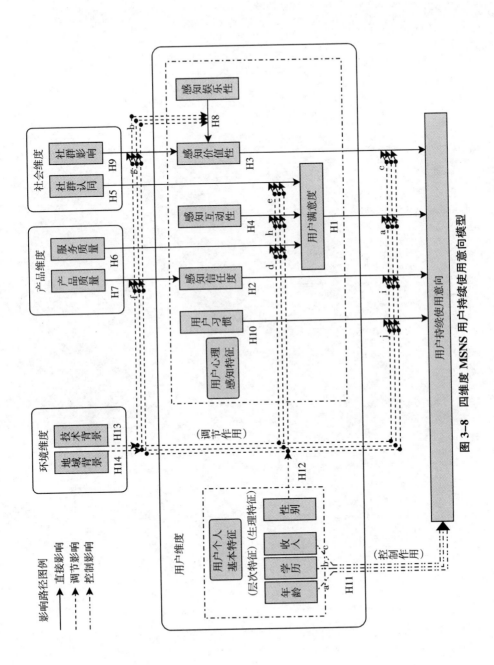

图 3-8　四维度 MSNS 用户持续使用意向模型

第四章 移动社会网络服务用户持续使用意向研究的问卷设计

第一节 用户持续使用意向问卷的设计概要

一、持续使用意向问卷的设计步骤

本书通过问卷调研来采集数据，完成对理论模型的检验，因而问卷质量直接影响最终研究结论。一般问卷设计步骤如下：

(一) 小规模访谈，确定初始测量量表

为了保障量表的有效性，基于现有研究理论模型，所设计的量表均结合了国内外较为成熟的测量量表。由于成熟量表多出自英文文献，首先将英文测度项翻译为中文，并反向翻译成英文，与原始题项进行比较，尽量在新量表中保持原始测度项的题意。同时，由于当前参考文献没有MSNS 的测量量表，因此，邀请信息系统、移动互联网、移动社会网络等领域的研究学者、实践专家和部分研究生分别进行了小规模访谈。访谈目的是去除测量量表中操作性题项所存在的表达不准确、存在歧义等问

题，从而形成合理准确的量表，完成初始问卷设计。

（二）小样本预测，检验问卷信度效度

为了保障后续调研数据的有效性，需要对初始问卷开展小样本检测，以保证问卷能通过信度和效度的检验。对具有一定经验的用户开展小样本数据采集，利用 SPSS 软件对采集的问卷样本数据进行信度和效度检验、信度检验中，每个变量的信度通过 Cronbach α 系数和纠正项目的总相关系数来评估；效度检验中，通过 KMO 样本测度、Bartlett 球形值和主成分因子提取方法来判断。

（三）修订并形成正式调查问卷

根据 SPSS 的信度和效度检验结果，剔除量表中不符合检验标准的测量项，完成问卷修订，修订完成后还需要再一次进行 SPSS 信度和效度检验，符合标准后则形成最终正式发放的问卷。

二、持续使用意向问卷的结构组成

问卷的调查内容包括：

（一）移动社会网络服务用户的基本特征及使用行为

用户的基本特征，包括性别、年龄层次、学历层次、收入层次、生活区域等特征，反映研究对象的群体化特征；移动互联网的用户使用行为，包括网龄、每日用网时长、接入模式及接入设备；移动互联网中社会网络服务的用户使用现状，包括常用的社会网络服务数量、每日使用时长和频率。

（二）移动社会网络服务用户的持续使用意向影响因素

持续使用意向的影响因素，包括：①用户持续使用的心理感知因素，如感知价值性、感知娱乐性、感知互动性、感知信任度；②用户持续使用后的效果因素，如用户满意度和用户习惯；③用户持续使用中对服务

产品的认可因素，如产品质量和服务质量；④用户持续使用的社交影响因素，如社群认同和社群影响。

第二节　用户持续使用意向问卷的量表设计

一、持续使用意向的测量量表设计

持续使用意向主要是指测量用户继续使用移动社会网络服务的意向程度，Bhattacherjee（2001）基于电子银行系统情境，研究了用户持续使用意向对于用户持续使用行为的影响；Ng 和 Kwahk（2010）研究了移动互联服务用户持续使用意向对用户使用移动互联网服务影响；Wang 和 Du（2014）研究移动社会网络服务用户持续使用意向对用户持续使用移动社会网络服务行为的影响。参考 Bhattacherjee（2001）、Ng 和 Kwahk（2010）及 Wang 和 Du（2014）提出的用户持续使用意向测量量表，综合提出用户持续使用意向的测量量表，如表4-1 所示。

表4-1　用户持续使用意向的测量量表

测量问项设计	参考量表来源
CI1 愿继续使用（移动社交平台）	Bhattacherjee（2001）；Ng 和 Kwahk（2010）；Wang 和 Du（2014）
CI2 会持续使用（移动社交平台）	
CI3 会经常使用（移动社交平台）	

二、感知价值性的测量量表设计

参考 Kim 等（2007）和 Sirdeshmukh 等（2002）对感知价值性的测量

量表，设计出本书感知价值性的测量量表，如表 4-2 所示。

表 4-2 感知价值性的测量量表

测量问项设计	参考量表来源
PV1 对所需支付的费用，使用移动社交平台是值得的	
PV2 对所需花费的努力，使用移动社交平台是值得的	Kim 等（2007）； Sirdeshmukh 等（2002）
PV3 对所需花费的时间，使用移动社交平台是值得的	
PV4 总体来说，使用移动社交平台是值得的	

三、感知信任度的测量量表设计

感知信任度是指用户信任移动社会网络服务平台及平台发布的信息，信任平台能站在用户立场，保护用户的隐私，维护用户的利益。Tan 等（2000）研究认为电子商务信任是用户对网络虚拟环境的普遍信任；Pavlou（2003）、Sirdeshmuk 等（2002）及 Belange 等（2002）研究了信任对用户持续使用行为的影响。参考 Tan 等（2000）、Pavlou（2003）、Sirdeshmuk 等（2002）和 Belange 等（2002）提出感知信任度的测量量表，设计感知信任度测量量表，如表 4-3 所示。

表 4-3 感知信任度的测量量表

测量问项设计	参考量表来源
PT1 移动社交平台值得信任	
PT2 移动社交平台不会泄露私密信息	
PT3 移动社交平台信守他们的承诺	Tan 等（2000）； Pavlou（2003）； Sirdeshmuk 等（2002）； Belanger 等（2002）
PT4 相信移动社交平台发布的信息	
PT5 移动社交平台关心用户的利益	
PT6 移动社交平台会理解使用过程产生的问题	
PT7 移动社交平台能理解其行为对用户的影响	

四、用户满意度的测量量表设计

用户满意度是用户在使用移动社会网络服务过程中对满意程度的感知。Almossawi（2012）研究了满意度对消费者重复购物的影响；Bhattacherjee（2001）研究了满意度对用户持续使用信息系统的影响；叶凤云（2016）研究了满意度对用户持续使用移动阅读的影响。因此，参考 Almossawi（2012）、Bhattacherjee（2001）及叶凤云（2016）等提出满意度的测量量表，设计本书用户满意度的测量量表，如表4-4所示。

表4-4　用户满意度的测量量表

测量问项设计	参考量表来源
SAT1 使用移动社交平台的过程令我非常满意	Almossawi（2012）；Bhattacherjee（2001）；叶凤云（2016）
SAT2 使用移动社交平台的结果令我非常满足	
SAT3 使用移动社交平台让我感到非常快乐	
SAT4 使用移动社交平台没让我灰心、失望	

五、用户习惯的测量量表设计

习惯是用户频繁重复使用行为，该行为不经过主观认知自然而然发生。Limayem 和 Cheung（2011）研究了在线学习中的习惯所起的调节作用；Lankton 等（2012）研究了在线社会网络中习惯对持续使用意向的调节作用，本书参考 Limayem 和 Cheung（2011）、Lankton 等（2012）等提出的习惯测量量表，设计出本书的用户习惯测量量表，如表4-5所示。

表4-5　用户习惯的测量量表

测量问项设计	参考量表来源
HAB1 使用移动社交平台已经成为我的习惯	Limayem 和 Cheung（2011）；Lankton 等（2012）
HAB2 想都不用想我就会使用移动社交平台	
HAB3 使用移动社交平台是我自然而然的事情	

六、感知娱乐性的测量量表设计

感知娱乐性是用户在使用移动社会网络服务及使用过程中对愉悦及快感的感知，Davis 等（2010）认为，感知娱乐性能够测量人们在使用信息技术及过程中所感知的愉悦程度；Heijden（2004）、Hong 和 Tam（2006）等认为，感知娱乐是研究享乐性信息技术应用接受度的重要测量指标之一。参考 Davi 等（2010）、Heijden（2004）、Hong 和 Tam（2006）对感知娱乐的测量量表，设计出感知娱乐性的测量量表，如表 4-6 所示。

表 4-6　感知娱乐性的测量量表

测量问项设计	参考量表来源
PE1 移动社交平台让我消磨时间，体验享受和快感	Davis 等（2010）；Heijden（2004）；Hong 和 Tam（2006）
PE2 移动社交平台让我转移压力、舒缓心情、获得快乐	
PE3 移动社交平台的使用过程让我觉得很享受	
PE4 移动社交平台有许多内容可以给我带来娱乐	

七、感知互动性的测量量表设计

感知互动性是指移动社会网络服务用户对平台提供的互动方式、用户之间互动程度的感知。参考 McMillan 和 Hwang（2002）、Liu（2003）及 Song 和 Zinkhan（2013）等提出的广告互动及网站互动的感知测量量表，设计出感知互动性的测量量表，如表 4-7 所示。

表 4-7　感知互动性的测量量表

测量问项设计	参考量表来源
PI1 移动社交平台能促进双向沟通	McMillan 和 Hwang（2002）；Liu（2003）；Song 和 Zinkhan（2013）
PI2 移动社交平台允许用户之间沟通	
PI3 移动社交平台提供了回复其他用户的机会	

八、产品质量的测量量表设计

产品质量的测量量表，最早由 DeLone 和 MaLean（1992）提出，已被专家学者反复重复验证并使用。Lin 等（2014）研究了产品质量对在线社交网络用户持续使用中的影响；Lin 和 Lee（2006）研究了产品质量对在线社区中用户使用的影响；Lin（2008）研究了产品质量对在线虚拟社区中用户使用的影响。参考 DeLone 和 MaLean（1992）、Lin 等（2014）、Lin 和 Lee（2006）及 Lin（2008）提供产品质量的测量量表，设计产品质量的测量量表，如表 4-8 所示。

表 4-8　产品质量的测量量表

测量问项设计	参考量表来源
SYQ1 移动社交平台的功能丰富	DeLone 和 MaLean（1992）；Lin 等（2014）；Lin 和 Lee（2006）；Lin（2008）
SYQ2 移动社交平台的使用流畅	
SYQ3 移动社交平台的界面便捷好用	

九、服务质量的测量量表设计

服务质量是 DeLone 和 MaLean（2003）对 D&M 模型进行修订后新增的构念。Zhao 等（2012）研究了服务质量对用户信息系统持续使用的影响；Mckinney 和 Yoon（2002）研究了服务质量对用户网站系统使用的影响；Lin 等（2014）研究了服务质量对在线社交网络中用户持续使用的影响。参考 DeLone 和 MaLean（2003）、Zhao 等（2012）、Mckinney 和 Yoon（2002）及 Lin 等（2014）提供服务质量的测量量表，设计服务质量的测量量表，如表 4-9 所示。

表 4-9   服务质量的测量量表

测量问项设计	参考量表来源
SVQ1 遇到问题平台会及时响应处理	DeLone 和 MaLean（2003）；Zhao 等（2012）；Mckinney 和 Yoon（2002）；Lin 等（2014）
SVQ2 平台服务让我有安全感	
SVQ3 平台能为我提供个性化服务	

十、社群认同的测量量表设计

社群认同是指用户在使用 MSNS 过程中用户对个人在群体中地位的感知，同时用户会积极通过 MSNS 传播专业知识来获取个体在群体中的威信及感知其他个体成员对自己的尊重和支持。Bagozzi 和 Dholakia（2006）等研究社群认同感能促进品牌认同的形成，最终影响购买决策行为；Leung（2009）通过研究社群认同对虚拟社区使用影响因素的作用；胡勇（2016）基于微信情境下，研究社群认同对大学生使用微信影响因素。参考 Bagozzi 和 Dholakia（2006）、Lenug（2009）及胡勇（2016）等提出社群认同的测量量表，设计社群认同的测量量表，如表 4-10 所示。

表 4-10   社群认同的测量量表

测量问项设计	参考量表来源
SR1 平台有助于建立我在群体中的身份	Bagozzi 和 Dholakia（2006）；Leung（2009）；胡勇（2016）
SR2 平台有助于我赢得群体中的尊重和支持	
SR3 平台有助于传播我的专业知识	
SR4 平台有助于建立我的自信	

十一、社群影响的测量量表设计

社群影响是指用户利用移动社会网络服务发布个人情感、观点及思想，从而对社会群体中其他成员产生影响，同时用户又被社会群体中其他成员的使用行为所影响。Leung（2009）通过研究移动群体影响对虚拟社区使用影响因素的作用；邓胜利、周婷（2014）研究认为，用户周边群体或组织的社群影响会影响到用户对社交网站的使用情况；胡勇（2016）基于微信情境下，研究社群影响对大学生使用微信影响因素。参考 Lenug（2009）、邓胜利、周婷（2014）及胡勇（2016）等提出社群影响的测量量表，设计社群影响的测量量表，如表 4-11 所示。

表 4-11　社群影响的测量量表

测量问项设计	参考量表来源
SI1 平台有助于表达我的个人情感	Lenug（2009）；邓胜利、周婷（2014）；胡勇（2016）
SI2 平台有助于分享我的观点、思想和经验	
SI3 平台有助于我的朋友家人了解我的近况	

第三节　用户持续使用意向问卷的样本预测

一、持续使用意向研究的小规模访谈

结合实际背景，基于相关研究理论，本书提出 41 个测量题项。通过与多位信息系统领域的教授、从事企业信息系统行业的负责人及部分研究对象（即移动社会网络服务使用者）进行面对面的访谈，利用下述问题提纲（见表 4-12）开展调研访谈，获取访谈对象对测量题项的反馈与建议。

通过对访谈对象反馈意见的整理，调整和完善测量题项存在的问项用语、内容及顺序等问题，初步形成测量量表，如表 4-13 所示。

表 4-12　小规模访谈提纲表

编号	提纲内容
1	问卷结构的合理性
2	问项题量的适合性
3	问项与研究实践背景的契合性
4	问项语法表达的正确性
5	问项用词的准确度
6	问项的用语及含义表达是否精准
7	问项顺序及内容是否有暗示成分
8	问项备选答案的完整性
9	问项备选答案之间的互斥度

表 4-13　理论模型的初始测量量表

序号	测量项名称	问项内容
1	感知价值性 (PV)	PV1 对所需支付的费用，使用移动社交平台是值得的
2		PV2 对所需花费的努力，使用移动社交平台是值得的
3		PV3 对所需花费的时间，使用移动社交平台是值得的
4		PV4 总体上来说，使用移动社交平台是值得的
5	感知娱乐性 (PE)	PE1 移动社交平台让我消磨时间，体验享受和快感
6		PE2 移动社交平台让我转移压力、舒缓心情、获得快乐
7		PE3 移动社交平台的使用过程让我觉得很享受
8		PE4 移动社交平台上有许多内容可给我带来娱乐
9	感知互动性 (PI)	PI1 移动社交平台能促进双向沟通
10		PI2 移动社交平台允许用户之间沟通
11		PI3 移动社交平台为我提供回复其他用户的机会
12	感知信任度 (PT)	PT1 移动社交平台是值得信任的
13		PT2 移动社交平台不会泄露我的私密信息
14		PT3 移动社交平台会信守他们的承诺
15		PT4 移动社交平台发布的信息值得相信
16		PT5 移动社交平台是关心用户利益的
17		PT6 移动社交平台会理解使用过程中产生的问题
18		PT7 移动社交平台理解它的行为会如何影响用户

续表

序号	测量项名称	问项内容
19	用户习惯 （HAB）	HAB1 使用移动社交平台已经成为我的习惯
20		HAB2 想都不用想我就会使用移动社交平台
21		HAB3 使用移动社交平台是自然而然的事情
22	产品质量 （SYQ）	SYQ1 移动社交平台的功能丰富
23		SYQ2 移动社交平台的使用流畅
24		SYQ3 移动社交平台的界面便捷好用
25	服务质量 （SVQ）	SVQ1 遇到问题时，移动社交平台会及时响应处理
26		SVQ2 使用移动社交平台服务时，让我有安全感
27		SVQ3 移动社交平台为我提供个性化的服务
28	社群认同 （SR）	SR1 移动社交平台有助于建立我在群体中的身份
29		SR2 移动社交平台有助于我赢得群体中的尊重和支持
30		SR3 移动社交平台有助于传播我的专业知识
31		SR4 移动社交平台有助于建立我的自信
32	社群影响 （SI）	SI1 移动社交平台有助于表达我的个人情感
33		SI2 移动社交平台有助于分享我的观点、思想和经验
34		SI3 移动社交平台有助于我的朋友或家人了解我的近况
35	用户满意度 （SAT）	SAT1 总体来说，使用移动社交平台过程让我感到非常满意
36		SAT2 总体来说，使用移动社交平台后让我感到非常满足
37		SAT3 总体来说，使用移动社交平台让我感到非常快乐
38		SAT4 总体来说，使用移动社交平台没有让我感到灰心、失望
39	用户持续 使用意向 （CI）	CI1 未来我愿意继续使用移动社交平台
40		CI2 未来我会持续使用移动社交平台
41		CI3 未来我会经常性使用移动社交平台

二、意向研究的小规模访谈样本分析

调研对象选择有使用经验的 MSNS 用户，共发放 75 份问卷，回收 67 份有效问卷，其中男性用户占 38.81%，女性用户占 61.19%。

接下来，本书将对回收有效问卷开展信度和效度评价，并根据信度和效度的评价结果来判断是否需要对初始测量量表进行修正。如果测量量表被修正过，则需要重新做一次信度和效度的评价。

三、意向研究的小规模量表信度评价

通常 Cronbach α 系数的值在 0~1，学者们对信度界限值的观点各异，部分学者认为 Cronbach α 系数界限值随着研究类别的不同而不同，在基础类研究中，其值大于 0.8 才能表明测量量表的信度符合要求；在探索类研究中，其值大于 0.7 就表明测量量表的信度符合要求；而在实践类研究中，其值大于 0.6 即可。通常，若 Cronbach α 系数的值小于 0.6，认为测量量表的信度不足；处于 0.7 与 0.8 区间时，认为测量量表的信度尚可；大于 0.8 时，则认为测量量表的信度非常好。因此，Cronbach α 系数值越大，测量量表的信度越高。

纠正项目的总相关系数（Corrected Item Total Correction，CITC）是对同一构念的测量题项与总体量表之间相关系数的评价，目的是把垃圾题项剔除，避免测量构念存在多因子现象。学者们对垃圾题项的剔除标准不一，Cronbach 认为，当测量题项的 CITC 值小于 0.5 时，该题项应被剔除；卢纹岱、朱红兵（2015）认为，当测量题项的 CITC 值小于 0.3 时，该题项应被剔除；李怀祖（2004）认为，当测量题项的 CITC 值小于 0.35 时，该题项应被剔除。本书采纳李怀祖的观点，选择 0.35 作为 CITC 的阈值。根据设定的 Cronbach α 系数值和 CITC 的评价标准阈值，本书开展小规模前测问卷数据的分析，结果如表 4-14、表 4-15 所示。

表 4-14　模型的总体 Cronbach α 系数值

Cronbach α	0.977
标准化 Cronbach α	0.978
项数	41

表 4-15　模型的各个变量的 Cronbach α 系数和 CITC 数值

变量名称	测量问项	CITC 值	Cronbach α	变量名称	测量问项	CITC 值	Cronbach α
感知价值性	PV1	0.758	0.919	感知娱乐性	PE1	0.794	0.922
	PV2	0.855			PE2	0.886	
	PV3	0.821			PE3	0.829	
	PV4	0.846			PE4	0.773	
感知互动性	PI1	0.755	0.914	感知信任度	PT1	0.638	0.905
	PI2	0.875			PT2	0.648	
	PI3	0.856			PT3	0.826	
用户习惯	HAB1	0.784	0.914		PT4	0.744	
	HAB2	0.814			PT5	0.794	
	HAB3	0.890			PT6	0.778	
服务质量	SVQ1	0.703	0.848		PT7	0.611	
	SVQ2	0.751		产品质量	SYQ1	0.844	0.916
	SVQ3	0.692			SYQ2	0.879	
社群认同	SR1	0.715	0.915		SYQ3	0.772	
	SR2	0.873		社群影响	SI1	0.836	0.921
	SR3	0.796			SI2	0.885	
	SR4	0.847			SI3	0.811	
用户满意度	SAT1	0.868	0.910	持续使用意向	CI1	0.901	0.943
	SAT2	0.865			CI2	0.909	
	SAT3	0.866			CI3	0.838	
	SAT4	0.605					

从表 4-15 中可以看出，本书中 11 个测量变量的 Cronbach α 系数值均超过了 0.8，且所有测量题项的 CITC 值均大于 0.35，表明问卷的信度良好。

四、意向研究的小规模量表效度分析

本书使用 SPSS 软件对问卷量表进行聚合效度和区分效度的判断，一般采用探索性因子分析法，利用 KMO 值和 Bartlett 球形检验值来代表问卷的效度。首先，通过 KMO 值来判断问卷是否适合开展因子分析；一般当 KMO 值大于 0.9 时，表明样本非常适合开展因子分析；当 KMO 值在 0.8~0.9，表明样本很适合开展因子分析；当 KMO 值在 0.7~0.8，表明样本适合开展因子分析；当 KMO 值小于 0.7 时，表明样本不适合开展因子分析；其次，判断 Bartlett 球形检验中的近似卡方值是否大于 0，且显著水平（Sig.）小于 0.05，表明样本问卷适合开展因子分析。

若 KMO 值和 Bartlett 球形检验值均通过，接下来进行因子分析，并依据因子分析的方差结果，根据以下三个原则对量表题项进行筛选：首先，独自成为一个因子的量表题项应被删除；其次，与所属因子的因子负荷小于 0.5 的量表题项应被删除；最后，与所属因子的因子负荷越接近 1 且与其他因子的因子负荷越接近 0 的量表题项应保留，反之，在两个以上（含两个）因子的因子负荷都大于 0.5 或者与所有因子的因子负荷均小于 0.5 的量表题项应被删除。

采用主成分分析法，使用方差最大旋转法开展因子分析，基于特征根大于 1 的原则萃取因子，从而完成量表的探索性因子分析。

首先开展 KMO 检验和 Bartlett 球形检验来进行信度分析。对量表的变量及题项进行 KMO 检验和 Bartlett 球形检验，结果如表 4-16 所示。

表 4-16　KMO 和 Bartlett 的检验

取样足够度的 Kaiser–Meyer–Olkin 度量		0.758
Bartlett 的球形度检验	近似卡方	3567.994
	df	820
	Sig.	0.000

表 4-16 的结果表明，KMO 值为 0.758，介于 0.7~0.8；Bartlett 球形检验的卡方值为 3567.994，显著大于 0 值，且对应的显著水平（Sig.）的值

小于 0.05，本次回收的样本适合开展探索性因子分析。经过 8 次迭代，得到如表 4-17、表 4-18 所示的结果。结果显示，量表总体方差值为 85.35%，符合研究的预设期望。

表 4-17　探索性因子分析结果表

测量项名称	测量问项	因子 1	因子 2	因子 3	因子 4	因子 5	因子 6	因子 7
感知 价值性	PV1	0.390	-0.066	0.016	0.717	0.075	0.234	0.100
	PV2	0.462	0.097	0.200	0.738	-0.027	0.166	-0.126
	PV3	0.372	0.189	0.210	0.762	0.232	0.058	0.032
	PV4	0.711	0.081	0.064	0.588	0.023	0.167	0.103
感知 娱乐性	PE1	0.543	0.466	0.315	0.338	0.157	0.050	0.121
	PE2	0.706	0.458	0.317	0.092	0.057	0.029	0.041
	PE3	0.653	0.334	0.446	0.081	0.205	0.030	-0.059
	PE4	0.807	0.161	0.218	0.184	0.211	0.001	0.031
感知 互动性	PI1	0.695	0.327	0.259	0.241	-0.007	0.095	0.059
	PI2	0.751	0.234	-0.060	0.383	0.027	0.065	0.252
	PI3	0.803	0.172	-0.064	0.265	0.041	0.019	0.398
感知 信任度	PT1	0.284	0.411	0.457	0.412	0.018	0.003	0.125
	PT2	0.084	0.034	0.852	-0.003	0.144	0.087	-0.088
	PT3	0.119	0.174	0.899	0.051	0.089	0.113	0.036
	PT4	-0.043	0.200	0.633	0.462	0.281	-0.094	0.171
	PT5	0.033	0.360	0.678	0.324	0.333	-0.014	0.065
	PT6	0.287	0.327	0.648	0.313	0.062	0.143	0.180
	PT7	0.420	0.165	0.432	0.191	0.117	0.230	0.582
用户习惯	HAB1	0.770	0.110	0.208	0.168	0.051	0.256	0.281
	HAB2	0.664	0.085	0.367	0.217	0.134	0.238	-0.125
	HAB3	0.759	0.203	0.183	0.266	0.046	0.318	-0.120
产品质量	SYQ1	0.818	0.243	-0.029	0.075	0.154	0.195	-0.159
	SYQ2	0.783	0.245	0.081	0.046	0.255	0.194	-0.238
	SYQ3	0.783	0.201	0.037	0.094	0.224	0.199	0.248

续表

测量项名称	测量问项	因子1	因子2	因子3	因子4	因子5	因子6	因子7
服务质量	SVQ1	0.181	0.409	0.440	0.202	0.423	0.122	0.345
	SVQ2	0.334	0.256	0.577	−0.151	0.514	0.152	0.061
	SVQ3	0.230	0.236	0.229	0.152	0.830	0.156	−0.019
社群认同	SR1	0.193	0.348	0.375	0.218	0.694	0.073	0.078
	SR2	0.095	0.637	0.327	0.368	0.437	0.087	0.073
	SR3	0.294	0.778	0.139	0.121	0.238	−0.025	−0.025
	SR4	0.176	0.796	0.253	0.178	0.304	0.061	0.002
社群影响	SI1	0.358	0.751	0.232	−0.114	0.138	0.293	0.106
	SI2	0.396	0.742	0.105	0.017	0.060	0.339	0.104
	SI3	0.455	0.586	0.157	0.136	−0.009	0.422	0.149
用户满意度	SAT1	0.407	0.460	0.263	0.264	0.292	0.536	−0.019
	SAT2	0.355	0.467	0.346	0.201	0.391	0.440	−0.178
	SAT3	0.321	0.471	0.336	0.271	0.273	0.478	−0.241
	SAT4	0.055	0.300	0.219	0.580	0.391	0.177	0.114
持续使用意向	CI1	0.572	0.273	0.006	0.314	0.100	0.592	0.148
	CI2	0.537	0.243	0.068	0.261	0.157	0.595	0.229
	CI3	0.565	0.170	0.146	0.389	0.255	0.505	0.151

表4-18 问卷解释总方差

因子	旋转平方和载入		
	合计	方差（%）	累积（%）
1	10.625	25.915	25.915
2	5.950	14.513	40.428
3	5.415	13.208	53.636
4	4.397	10.725	64.361
5	3.118	7.605	71.966
6	2.731	6.661	78.627
7	1.345	3.281	81.908

表 4-19 公因子方差

测量项名称	测量问项	初始	提取	测量项名称	测量问项	初始	提取
感知价值性	PV1	1.000	0.742	感知娱乐性	PE1	1.000	0.767
	PV2	1.000	0.851		PE2	1.000	0.823
	PV3	1.000	0.857		PE3	1.000	0.790
	PV4	1.000	0.902		PE4	1.000	0.804
感知互动性	PI1	1.000	0.727	感知信任度	PT1	1.000	0.644
	PI2	1.000	0.837		PT2	1.000	0.770
	PI3	1.000	0.909		PT3	1.000	0.877
用户习惯	HAB1	1.000	0.824		PT4	1.000	0.773
	HAB2	1.000	0.720		PT5	1.000	0.811
	HAB3	1.000	0.839		PT6	1.000	0.664
服务质量	SVQ1	1.000	0.748		PT7	1.000	0.675
	SVQ2	1.000	0.823	产品质量	SYQ1	1.000	0.822
	SVQ3	1.000	0.898		SYQ2	1.000	0.841
用户满意度	SAT1	1.000	0.889		SYQ3	1.000	0.814
	SAT2	1.000	0.883	社群影响	SI1	1.000	0.875
	SAT3	1.000	0.872		SI2	1.000	0.847
	SAT4	1.000	0.832		SI3	1.000	0.793
社群认同	SR1	1.000	0.839	持续使用意向	CI1	1.000	0.883
	SR2	1.000	0.860		CI2	1.000	0.852
	SR3	1.000	0.783		CI3	1.000	0.863
	SR4	1.000	0.856				

第四节 用户持续使用意向问卷的最终修订

通过对问卷的信度和效度分析，证明当前问卷的 11 个变量之间以及各变量与对应的测量问项之间均具有较好的内部一致性。由于问卷的测量变量一般由 3~4 个测量问项来描述，因此对感知信任度的 7 个测量问项 PT1-PT7 需要进行删除处理；从表 4-19 可以看出，PT1、PT6 及 PT7 的公因子提取方差值均小于 0.7，表示这三个测量问项的测量效用不大，应予以删除。

修订完毕后，再一次对问卷进行信度和效度检验，检验结果符合标准要求，从而形成最终发放问卷的测量量表（见表 4-20）。

表 4-20 修订过的移动社会网络服务用户持续使用意向影响因素测量量表

序号	测量项名称	测量问项
1		PV1 使用移动社交平台花费一定的费用是值得的
2	感知价值性	PV2 使用移动社交平台花费一定的精力是值得的
3	(PV)	PV3 使用移动社交平台花费一定的时间是值得的
4		PV4 使用移动社交平台的收获是值得的
5		PE1 使用移动社交平台可以通过消磨时间来体验快感
6	感知娱乐性	PE2 使用移动社交平台可以通过转移压力来舒缓心情
7	(PE)	PE3 使用移动社交平台可以通过享受过程来获得愉悦
8		PE4 使用移动社交平台可以通过体验内容来感受娱乐
9		PI1 移动社交平台可以提供用户双向沟通的便利
10	感知互动性	PI2 移动社交平台可以提供用户相互交流的渠道
11	(PI)	PI3 移动社交平台可以提供用户回复他人的机会
12		PT2 移动社交平台不会泄露用户的私密信息
13	感知信任度	PT3 移动社交平台会信守他们的承诺
14	(PT)	PT4 移动社交平台发布的信息值得信任
15		PT5 移动社交平台是关心用户利益的
16		HAB1 即使无具体使用需求，你也会经常使用移动社交平台
17	用户习惯	HAB2 当你有使用需求时，你会选择移动社交平台
18	(HAB)	HAB3 当你有使用需求时，你会立即使用移动社交平台
19		SYQ1 移动社交平台的系统功能丰富
20	产品质量	SYQ2 移动社交平台的操作运行流畅
21	(SYQ)	SYQ3 移动社交平台的终端界面友好

续表

序号	测量项名称	测量问项
22	服务质量 （SVQ）	SVQ1 当遇到问题时，移动社交平台会及时响应处理
23		SVQ2 在提供服务时，移动社交平台让我有足够的安全感
24		SVQ3 在用户需求时，移动社交平台能提供个性化的服务
25	社群认同 （SR）	SR1 移动社交平台有助于你确立群体中的身份
26		SR2 移动社交平台有助于你赢得群体中的尊重和支持
27		SR3 移动社交平台有助于你传播自己的专业知识
28		SR4 移动社交平台有助于你建立足够的自信
29	社群影响（SI）	SI1 移动社交平台有助于表达你的个人情感
30		SI2 移动社交平台有助于分享你的观念和经验
31		SI3 移动社交平台有助于亲友掌握你的近况
32	用户满意度 （SAT）	SAT1 移动社交平台使用过程中你感到非常满意
33		SAT2 移动社交平台使用后你感到非常满足
34		SAT3 使用移动社交平台让你感到非常快乐
35		SAT4 使用移动社交平台使你对人生充满希望
36	持续使用意向 （CI）	CI1 未来你愿意继续使用移动社交平台
37		CI2 未来你肯定会持续使用移动社交平台
38		CI3 未来你一定要经常使用移动社交平台

最终正式问卷内容，除了调查用户持续使用意向的影响因素外，还包括调查采集用户的基本特征、用户使用移动互联网及移动社会网络服务的行为特征（问卷内容详见本书附录）。

第五节　本章小结

基于现有研究，设计 MSNS 用户持续使用意向理论模型各影响因素的

测量量表，形成最初调查问卷。为保证问卷测量量表的有效性，采用
SPSS 软件对问卷进行小规模样本预测，结果表明感知信任度中有三项测
量变量不符合主成分因子提取标准，因此对问卷进行修订。对修订后的
问卷再次进行信度和效度检测，检测结果表明，修订后的问卷信度和效
度都符合标准，从而形成本书的最终调查问卷。

第五章　移动社会网络服务用户持续使用意向研究的理论分析

第一节　用户持续使用意向研究的数据采集

一、持续使用意向研究的样本选择

（一）调研对象

调研对象是已使用移动社会网络服务且对该服务使用情况相对熟悉的用户。

（二）样本大小

吴明隆（2017）在《问卷统计实务——SPSS 操作与应用》一书中指出，进行因子分析时，涉及的变量一般由 3~4 个题项来描述，预测样本的数量最好是量表题项数的 5 倍，如果样本数量达到项数的 10 倍，则结果会更加稳定。Boomsma（2001）认为，当样本容量小于 200，可能存在无法收敛或不恰当解的情况，侯杰泰（2004）认为，当样本容量超过 500 会存在最大似然估计过度敏感情况，黄芳铭（2005）认为，样本容量一般要求在 200~400。

本书模型的变量数为 11 个，所含题项数为 38 个，有效样本有 366 份，样本数大约为题项数的 9.63 倍，符合结构方程模型对样本容量的要求。

二、持续使用意向研究的问卷发放

由于移动社会网络服务是基于移动互联网开展的服务，因此采用线上发放为主、线下发放为辅的方式发放问卷。同时，采用分层抽样的方法进行调查，以保证研究的科学性和充分性。

线上问卷的效放：通过"问卷星"（http：//www.wjx.cn）设计线上问卷，完成在线问卷的填写邀请。同时，将"问卷星"生成的问卷链接通过社交媒体（如微信、QQ 等）进行发放。

线下问卷的发放：充分利用笔者所在单位（义乌工商职业技术学院）参与承办全国高等教育创新创业研讨会、（中国）世界电子商务大会、义乌国际小商品博览会等机会，面向全国各地的参会者，广泛发放问卷。

三、持续使用意向研究的数据收集

问卷回收 494 份，其中线下发放 200 份，回收 122 份，回收率为 61%。通过对所收样本的有效性确认，获得合格的有效问卷 366 份，有效率为 74.1%。

有效问卷的判断原则如下：

（1）应为 MSNS 的持续使用用户（以每日使用的时长和频率判断）；

（2）回收问卷的题项填写必须认真完整（一项不少）；

（3）把控"问卷星"平台上的答卷时间（填写时间不低于 5 分钟）。

样本的数据回收情况如表 5-1 所示。

表 5-1　问卷样本数据回收情况表

收集方式	回收数量
线上（份）	372
线下（份）	122
回收总数（份）	494
其中合格（份）	366
有效率（%）	74.1

第二节　用户持续使用意向问卷样本的描述性分析

一、用户基本特征的描述

用户的自然属性（个人基本特征）按性别、年龄层次、生活地区、学历层次和收入层次五个方面描述，如表 5-2 所示。

表 5-2　移动社会网络服务的用户自然属性统计表（366 人）

测量项	类别名称	问卷数量（份）	所占比例（%）
性别	男	170	46.4
	女	196	53.6
年龄层次	19 岁以下	21	5.7
	20~29 岁	156	42.6
	30~39 岁	151	41.3
	40~49 岁	33	9.0
	50 岁以上	5	1.4

续表

测量项	类别名称	问卷数量 (份)	所占比例 (%)
生活地区	华东地区（山东、江苏、浙江、福建、上海）；	245	66.9
	华南地区（广东、广西、海南）；	15	4.1
	华中地区（湖北、湖南、河南、江西、安徽）；	48	13.1
	华北地区（北京、天津、河北、山西、内蒙古）；	6	1.6
	西北地区（宁夏、新疆、青海、陕西、甘肃）；	45	12.3
	西南地区（四川、云南、贵州、西藏、重庆）；	2	0.5
	东北地区（辽宁、吉林、黑龙江）；	1	0.3
	台港澳地区（台湾、香港、澳门）	4	1.1
学历层次	初中及以下	11	3.0
	高中/中专/技校	28	7.7
	大专	159	43.4
	本科	75	20.5
	研究生及以上	93	25.4
收入层次	3000 元以下	74	20.2
	3001~5000 元	65	17.8
	5001~8000 元	69	18.9
	8001~15000 元	53	14.5
	15000 元及以上	59	16.1
	无收入	46	12.6

从用户性别的分布来看，男性用户和女性用户的占比分别为 46.4% 和 53.6%，用户性别结构趋向均衡，与中国网民性别的总体比例接近。

从用户年龄层次的分布来看，使用移动社会网络服务的用户群体较为年轻。大多数调研对象处于 20~39 岁，占总调查样本人数的 83.9%；其次为 40~49 岁和 19 岁以下的调研对象，比例分别为 9.0% 和 5.7%，50 岁以上的调研对象人数较少，仅为 1.4%。

从生活地区分布看，首先，66.9% 的调研对象居住于华东地区，原因是笔者所学习和工作的单位在该区域；其次，居住华中地区的调研对象占据了13.1%，原因是笔者当前学习单位所在地在该区域；最后，居住在西北地区的调研对象占据12.3%，剩下分布在其他地区的调研对象的人数较少，这与本书样本采集策略有关。

从用户收入层次来看，3000元以下、3001~5000元、5001~8000元、8001~15000元、15000元以上区间的人数分布较为均衡，占比分别为20.2%、17.8%、18.9%、14.5%及16.1%。本书考虑移动社会网络服务使用者可能是无工作的在读学生或者待业人员，因此设定了无收入这一选项，这一选项占据的比例为12.6%。

从用户学历层次看，拥有专科、本科及硕士学历的人数最多，占比分别为43.4%、20.5%和25.4%。学历低于专科学历的调研对象人数较少，占总样本的10.7%，可知移动社会网络服务使用者普遍具有较高的教育水平。

综上所述，本书收集的移动社会网络服务用户自然属性在各个区间内分布较为均匀，与CNNIC提供的中国网民人口特征分布较为相符，能较好地代表研究所涉及的参与主体。

二、用户使用行为的描述

（一）移动互联网的用户使用现状统计（见表5-3）

表5-3　移动互联网用户使用情况统计表

测量项	类别名称	问卷数量（份）	所占比例（%）
移动上网设备	手机	351	95.9
	平板	4	1.1
	笔记本	11	3.0

续表

测量项	类别名称	问卷数量 (份)	所占比例 (%)
移动互联网上网方式	4G	182	49.7
	Wi-Fi	184	50.3
移动互联网的网龄	5 年以上	289	79.0
	3~5 年（含 5 年）	58	15.8
	1~3 年（含 3 年）	17	4.6
	1 年以下（含 1 年）	2	0.5
每天使用移动互联网时间	6 小时以上	206	56.3
	3~6 小时（含 6 小时）	106	29.0
	1~3 小时（含 3 小时）	49	13.4
	0.5~1 小时（含 1 小时）	4	1.1
	半小时及以下	1	0.3

以上数据表明，使用移动互联网的大部分样本用户网龄都在 1 年以上（占比 99.5%），说明绝大部分调研用户具备较为丰富的移动互联网经验；从上网设备看，手机接入比例高达 95.9%，说明大部分用户都是通过手机使用移动互联网；接入移动互联网方式则是 4G 和 Wi-Fi 约占一半，分别是 49.7% 和 50.3%；从日均使用时间来看，98.7% 的用户每天使用移动互联网超过 1 小时。

综上所述，所获取调查样本具有较为丰富的移动互联网使用经验，为本书进一步调研移动社会网络服务持续使用意向打下了良好的基础。

（二）移动社会网络服务 MSNS 的用户使用现状统计（见表 5-4）

问卷调查所列举的常用移动社会网络服务分为两类：一类是移动社交平台（存在人际交流互动），如 QQ、微信、陌陌、微博、人人网、开心网、全民 K 歌、美拍、优酷拍客、花椒直播、虎牙直播、天涯社区、知乎、豆瓣、58 交友、百合网、领英（Linkin）等；另一类是非移动社交

表 5–4　MSNS 的用户使用情况统计表

测量项	类别名称	问卷数量 （份）	所占比例 （%）
MSNS 使用个数	5 个以上	107	29.2
	3~5 个（含 5 个）	110	30.1
	2~3 个（含 3 个）	133	36.3
	1 个	16	4.4
MSNS 每天使用时间	3 小时以上	177	48.4
	1~3 小时（含 3 小时）	140	38.3
	30~60 分钟（含 60 分钟）	36	9.8
	10~30 分钟（含 30 分钟）	8	2.2
	5~10 分钟（含 10 分钟）	4	1.1
	5 分钟以下（含 5 分钟）	1	0.3
MSNS 使用频率	每天超过 5 次以上	278	76.0
	每天 1~5 次	64	17.5
	每周 4~6 次	10	2.7
	每周 2~3 次	5	1.4
	每周 1 次	9	2.5

平台（不存在人际交流互动），如新闻、影视等。

从表 5–4 的数据统计看，使用 2~3 个、3~5 个、5 个以上移动社会网络服务 MSNS 的比例分别占比 36.3%、30.1% 及 29.2%，持续使用 2 个以上（含 2 个）MSNS 用户占调研样本的 95.6%，说明大多数用户能熟练使用 MSNS；从使用频率上看，每天至少使用 1 次的占比 93.5%，每天使用 5 次以上的占比 76%，表明大多数用户基本上养成了使用 MSNS 的习惯；从使用时间上看，每天使用时间在 3 小时以上、1~3 小时、30~60 分钟及 10~30 分钟的，分别占比 48.4%、38.3%、9.8%、2.2%。其中，86.7% 的用户每天使用 1 小时以上，表明多数样本调查对象属于持续使用 MSNS 的用户，保证了 MSNS 用户持续使用意向研究的样本数据的针对性和可靠性。

三、持续使用意向的描述

对模型变量整体性开展测度项、均值、标准差、偏度、峰度、极小值、极大值等描述性统计，结果如表 5-5 所示。

表 5-5　变量测度项的描述性统计结果（样本数 N=366）

变量名称	测度项	均值	标准差	偏度	峰度	极小值	极大值
感知价值性	PV1	4.28	1.746	−0.050	−0.655	1	7
	PV2	4.67	1.523	−0.038	−0.542	1	7
	PV3	4.77	1.462	−0.025	−0.565	1	7
	PV4	4.98	1.448	−0.174	−0.616	1	7
感知娱乐性	PE1	4.16	1.730	−0.108	−0.699	1	7
	PE2	4.71	1.488	−0.323	−0.216	1	7
	PE3	4.75	1.459	−0.222	−0.354	1	7
	PE4	4.85	1.399	−0.285	−0.201	1	7
感知互动性	PI1	5.49	1.410	−0.653	−0.208	1	7
	PI2	5.51	1.366	−0.602	−0.308	1	7
	PI3	5.44	1.410	−0.625	−0.139	1	7
感知信任度	PT2	3.49	1.770	0.294	−0.591	1	7
	PT3	3.90	1.625	0.176	−0.386	1	7
	PT4	3.79	1.485	0.229	−0.078	1	7
	PT5	3.95	1.460	0.166	−0.091	1	7
用户习惯	HAB1	4.70	1.409	−0.140	−0.296	1	7
	HAB2	5.23	1.326	−0.430	0.031	1	7
	HAB3	5.11	1.431	−0.372	−0.402	1	7
产品质量	SYQ1	5.14	1.283	−0.244	−0.205	1	7
	SYQ2	4.99	1.279	−0.388	0.273	1	7
	SYQ3	4.96	1.279	−0.297	0.145	1	7
服务质量	SVQ1	4.35	1.348	−0.048	0.023	1	7
	SVQ2	4.21	1.424	−0.096	0.046	1	7
	SVQ3	4.50	1.322	−0.081	−0.092	1	7

续表

变量名称	测度项	均值	标准差	偏度	峰度	极小值	极大值
社群认同	SR1	4.43	1.387	−0.155	0.088	1	7
	SR2	4.30	1.377	−0.136	0.070	1	7
	SR3	4.74	1.428	−0.296	−0.085	1	7
	SR4	4.52	1.450	−0.266	−0.085	1	7
社群影响	SI1	4.84	1.360	−0.401	0.240	1	7
	SI2	4.98	1.306	−0.424	0.299	1	7
	SI3	5.03	1.386	−0.427	0.007	1	7
用户满意度	SAT1	4.80	1.254	−0.168	0.125	1	7
	SAT2	4.64	1.283	−0.157	0.150	1	7
	SAT3	4.63	1.295	−0.062	0.030	1	7
	SAT4	4.41	1.381	−0.107	0.101	1	7
持续使用意向	CI1	5.44	1.310	−0.543	0.018	1	7
	CI2	5.40	1.367	−0.519	−0.181	1	7
	CI3	5.30	1.345	−0.291	−0.568	1	7

黄芳铭（2005）指出，符合正态分布的标准是样本数据所有变量测度项的偏度绝对值小于 3.0，峰度绝对值低于 10.0。

如表 5-5 中所示的数据，所有测度项的偏度绝对值都小于 0.66，且峰度绝对值都小于 0.7，表明样本数据属于正态分布，符合采用结构方程建模并使用最大似然法进行数据分析的前提。

同时，表 5-5 中的模型变量包括产品质量、感知价值性、感知互动性、感知娱乐性、用户习惯、感知信任度、服务质量、社群认同、社群影响、用户满意度、持续使用意向，所含测度项的个数均为 3~4 个，符合 SPSS 统计分析的要求。

由于各测度项的均值都在 3.49~5.51，且测度项的标准差均在 1.254~1.770，表示量表测量项的评价一致性较好。

第三节　用户持续使用意向模型量表的
信度和效度检验

一、模型量表的信度检验

本书采用 SPSS 对模型量表开展信度检验。模型量表的整体 Cronbach α 系数值如表 5-6 所示；模型量表的整体 CTIC 值如表 5-7 所示。

表 5-6　量表整体 Cronbach α 系数值

Cronbach α	0.971
标准化 Cronbach α	0.972
项数	38

表 5-7　量表整体 CTIC 值

变量	测度项	CITC 值	变量	测度项	CITC 值
感知价值性	PV1	0.487	感知娱乐性	PE1	0.500
	PV2	0.612		PE2	0.644
	PV3	0.665		PE3	0.713
	PV4	0.637		PE4	0.695
感知信任度	PT2	0.479	感知互动性	PI1	0.669
	PT3	0.605		PI2	0.678
	PT4	0.556		PI3	0.701
	PT5	0.613	用户习惯	HAB1	0.674
社群认同	SR1	0.722		HAB2	0.693
	SR2	0.698		HAB3	0.711

续表

变量	测度项	CITC 值	变量	测度项	CITC 值
社群认同	SR3	0.737	产品质量	SYQ1	0.721
	SR4	0.726		SYQ2	0.745
社群影响	SI1	0.732		SYQ3	0.733
	SI2	0.744	服务质量	SVQ1	0.681
	SI3	0.715		SVQ2	0.674
用户满意度	SAT1	0.816		SVQ3	0.684
	SAT2	0.802	持续使用意向	CI1	0.709
	SAT3	0.808		CI2	0.698
	SAT4	0.747		CI3	0.676

从表 5-6、表 5-7 可知，感知价值性、感知娱乐性、感知互动性、感知信任度、用户习惯、产品质量、服务质量、社群认同、社群影响、用户满意度、持续使用意向的整体 Cronbach α 值为 0.971，大于 0.7，表明量表的信度较好。同时，所有变量测量项 CTIC 值均大于 0.35，表明所有变量及测度项都应该保存。

表 5-8　量表变量 Cronbach α 系数及 CTIC 值

变量	测度项	CTIC 值	已删除的 Cronbach α 值	Cronbach α 值
感知价值性	PV1	0.592	0.908	0.877
	PV2	0.824	0.807	
	PV3	0.848	0.800	
	PV4	0.714	0.851	
感知娱乐性	PE1	0.717	0.924	0.912
	PE2	0.860	0.866	
	PE3	0.858	0.868	
	PE4	0.797	0.889	
感知互动性	PI1	0.884	0.894	0.936
	PI2	0.891	0.889	
	PI3	0.829	0.937	

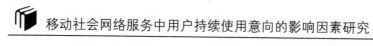

续表

变量	测度项	CTIC 值	已删除的 Cronbach α 值	Cronbach α 值
感知信任度	PT2	0.802	0.899	0.917
	PT3	0.854	0.877	
	PT4	0.827	0.888	
	PT5	0.773	0.905	
用户习惯	HAB1	0.631	0.867	0.847
	HAB2	0.753	0.754	
	HAB3	0.769	0.733	
产品质量	SYQ1	0.758	0.905	0.904
	SYQ2	0.843	0.834	
	SYQ3	0.828	0.846	
服务质量	SVQ1	0.722	0.793	0.852
	SVQ2	0.758	0.758	
	SVQ3	0.689	0.823	
社群认同	SR1	0.759	0.893	0.908
	SR2	0.838	0.865	
	SR3	0.766	0.890	
	SR4	0.808	0.876	
社群影响	SI1	0.781	0.846	0.890
	SI2	0.825	0.808	
	SI3	0.749	0.875	
用户满意度	SAT1	0.847	0.942	0.949
	SAT2	0.906	0.924	
	SAT3	0.902	0.925	
	SAT4	0.857	0.940	
持续使用意向	CI1	0.900	0.895	0.940
	CI2	0.890	0.902	
	CI3	0.840	0.941	

从表 5-8 可知，感知价值性、感知娱乐性、感知互动性、感知信任度、用户习惯、产品质量、服务质量、社群认同、社群影响、用户满意度、持续使用意向等各个变量的 Cronbach α 值均大于 0.7，表明量表的信度较好。各个变量的测度值 CTIC 均大于 0.35，因此所有的变量及测度项都应该保存。综上所述，问卷中的 11 个变量，共计 38 个测度项都应该保留。

二、模型量表的效度检验

模型量表的效度检验，包括以下流程：

（一）整体量表的效度检验

使用 SPSS 中的 KMO 检验和 Bartlett 球形检验对测量量表的效度进行检验，结果如表 5-9 所示。

表 5-9　KMO 和 Bartlett 的检验结果表

KMO 度量		0.956
Bartlett 的球形度检验	近似卡方	14322.829
	df	703
	Sig.	0.000

从表 5-9 数据来看，量表的 KMO 值 0.956，大于 0.7；Bartlett 球形检验的卡方值为 14322.829，大于 0；对应的显著水平 P 为 0.000（Sig.值为 0.000），小于显著性水平 0.05，符合效度检验标准。对模型的量表做探索性因子分析，结果如表 5-10、表 5-11 所示，量表的总体方差为 73.74%，符合总体的研究预期。

（二）整体量表的探索性因子分析

表 5-10　探索性因子分析结果表

测量项名称	测量问项	因子 1	因子 2	因子 3	因子 4	因子 5
感知价值性	PV1	0.495	−0.087	0.380	0.315	−0.233
	PV2	0.621	−0.286	0.387	0.305	−0.324

续表

测量项名称	测量问项	因子 1	因子 2	因子 3	因子 4	因子 5
感知价值性	PV3	0.671	−0.246	0.382	0.293	−0.308
	PV4	0.647	−0.197	0.335	0.241	−0.280
感知娱乐性	PE1	0.506	0.033	0.540	−0.421	0.020
	PE2	0.653	−0.084	0.428	−0.471	0.040
	PE3	0.719	−0.073	0.411	−0.401	−0.016
	PE4	0.706	−0.105	0.359	−0.389	−0.001
感知互动性	PI1	0.696	−0.457	0.104	0.071	0.088
	PI2	0.707	−0.505	0.066	0.082	0.066
	PI3	0.728	−0.408	0.056	0.078	0.034
感知信任度	PT2	0.605	0.539	0.189	0.206	0.209
	PT3	0.555	0.564	0.212	0.260	0.229
	PT4	0.610	0.462	0.251	0.291	0.143
	PT5	0.691	−0.102	0.185	−0.092	0.244
用户习惯	HAB1	0.749	−0.313	−0.057	0.094	0.249
	HAB2	0.778	−0.196	−0.210	0.048	0.245
	HAB3	0.763	−0.165	−0.147	0.063	0.217
产品质量	SYQ1	0.696	0.326	−0.047	0.062	0.222
	SYQ2	0.689	0.461	−0.048	0.048	0.115
	SYQ3	0.700	0.308	−0.009	−0.087	0.047
服务质量	SVQ1	0.741	0.358	−0.128	−0.058	−0.028
	SVQ2	0.713	0.439	−0.095	0.002	−0.196
	SVQ3	0.763	0.134	−0.216	0.068	−0.283
社群认同	SR1	0.749	0.287	−0.175	−0.066	−0.322
	SR2	0.763	0.043	−0.249	−0.143	−0.244
	SR3	0.776	−0.024	−0.293	−0.064	−0.288
	SR4	0.753	−0.106	−0.311	−0.077	−0.136
社群影响	SI1	0.841	0.102	−0.234	−0.043	−0.039
	SI2	0.828	0.182	−0.240	−0.135	−0.045
	SI3	0.831	0.216	−0.195	−0.154	−0.083

续表

测量项名称	测量问项	因子1	因子2	因子3	因子4	因子5
用户满意度	SAT1	0.771	0.328	−0.199	−0.171	−0.079
	SAT2	0.748	−0.419	−0.246	0.095	0.085
	SAT3	0.739	−0.392	−0.275	0.086	0.074
	SAT4	0.713	−0.356	−0.208	0.145	0.088
持续使用意向	CI1	0.495	−0.087	0.380	0.315	−0.233
	CI2	0.621	−0.286	0.387	0.305	−0.324
	CI3	0.671	−0.246	0.382	0.293	−0.308

表 5−11 问卷解释的总方差结果表

成分	合计	方差（%）	方差累积（%）
1	8.499	22.366	22.366
2	7.113	18.719	41.086
3	5.456	14.357	55.442
4	3.663	9.638	65.081
5	3.290	8.659	73.740

（三）量表测量项的效度因子分析

继续计算量表各变量的 KMO 检验和 Bartlett 球形检验，以判断样本数据是否适合开展因子分析。

如表 5−12 所示，各变量的 KMO 值均不小于 0.5，且 Bartlett 球形检验的近似卡方值均大于 0，且显著水平小于 0.05（Sig.值为 0.000），同时，各个变量的特征值均大于 1 且总体解释度都在 65% 以上，适合开展因子分析。

表 5−12 量表变量的效度检验结果表

变量	KMO 度量	近似卡方	df	Sig.
感知价值性	0.802	940.746	6	0.000
感知娱乐性	0.833	1117.902	6	0.000

续表

变量	KMO 度量	近似卡方	df	Sig.
感知互动性	0.754	971.594	3	0.000
感知信任性	0.823	1098.947	6	0.000
用户习惯	0.699	507.555	3	0.000
产品质量	0.788	729.601	3	0.000
服务质量	0.724	481.459	3	0.000
社群认同	0.805	1004.484	6	0.000
社群影响	0.735	643.243	3	0.000
用户满意度	0.857	1493.074	6	0.000
持续使用意向	0.756	1013.518	3	0.000

样本数据的变量总体解释度如表 5–13 所示。

表 5–13 样本的变量总体解释度表

变量	特征值	总体解释度（%）
感知价值性	2.983	74.6
感知娱乐性	3.210	80.2
感知互动性	2.662	88.7
感知信任度	3.222	80.54
用户习惯	2.306	76.9
产品质量	2.518	83.9
服务质量	2.314	77.1
社群认同	3.139	78.5
社群影响	2.462	82.1
用户满意度	3.476	86.9
持续使用意向	2.682	89.4

（四）聚合效度分析

聚合效度用于检测变量内部测度项之间的相关程度。对样本数据开展因子分析时，获得变量或因子与测度项之间的相关系数，即因子载荷。

现有研究指出，因子载荷大于 0.5 且 P 值小于 0.05，则表明该变量具有较高的聚合效度。表 5-14 的数据表明，测度项因子载荷均大于 0.6，符合聚合效度的标准。

表 5-14　测度项的因子载荷及组合信度表

潜在变量	测度项	因子载荷	组合信度（CR）	平均方差析出量（AVE）
感知价值性	PV1	0.625	0.892	0.679
	PV2	0.897		
	PV3	0.943		
	PV4	0.795		
感知娱乐性	PE1	0.736	0.918	0.739
	PE2	0.890		
	PE3	0.925		
	PE4	0.875		
感知互动性	PI1	0.928	0.938	0.834
	PI2	0.944		
	PI3	0.865		
感知信任度	PT2	0.853	0.920	0.742
	PT3	0.907		
	PT4	0.864		
	PT5	0.819		
用户习惯	HAB1	0.704	0.844	0.645
	HAB2	0.861		
	HAB3	0.835		
产品质量	SYQ1	0.835	0.905	0.76
	SYQ2	0.901		
	SYQ3	0.878		
服务质量	SVQ1	0.795	0.854	0.661
	SVQ2	0.857		
	SVQ3	0.786		

续表

潜在变量	测度项	因子载荷	组合信度（CR）	平均方差析出量（AVE）
社群认同	SR1	0.824	0.904	0.703
	SR2	0.847		
	SR3	0.817		
	SR4	0.864		
社群影响	SI1	0.848	0.890	0.731
	SI2	0.903		
	SI3	0.811		
用户满意度	SAT1	0.890	0.951	0.828
	SAT2	0.933		
	SAT3	0.927		
	SAT4	0.888		
持续使用意向	CI1	0.952	0.943	0.847
	CI2	0.938		
	CI3	0.869		

使用 AMOS 进行聚合效度检验。结构方程模型方法将构念定义为潜在变量（即四维度用户持续使用意向模型中的 7 个自变量、3 个中介变量和一个因变量），将测度项定义为表面特征向量，即表征。在结构方程模型中，评价变量聚合效度的重要指标为组合信度（CR）和平均方差析出量（AVE）。组合信度（CR）表示将表征求和后形成的可靠性；平均方差析出量（AVE）则是检验表征代表潜在变量的程度，用变异量的平均大小来表示，该值越大则认为随机测量误差越小，表征越能清晰描述潜在变量。通常，问卷聚合效度的良好为 CR 值大于 0.700 且 AVE 值大于 0.500。根据表 5-14 可知，所有变量的 CR 值介于 0.844~0.950，大于 0.700 的标准值，所有变量的 AVE 值介于 0.645~0.847，大于 0.500 的阈值。该结果进一步说明了问卷的聚合效度较高。

第四节 用户持续使用意向影响因素的
相关性分析

用户持续使用意向与其影响因素之间的相关性程度，通过皮尔逊（Pearson）相关系数 $\rho_{x,y}$ 来计算，当 $\rho_{x,y}$ 的绝对值处于 0.4~0.6 时，基本认为两个变量之间存在中等程度线性相关，超过 0.6 属于强相关；低于 0.4 则为弱相关。Pearson 相关系数的取值范围及意义如表 5-15 所示。

表 5-15 Pearson 相关系数 $\rho_{x,y}$ 的取值范围及意义表

$\rho_{x,y}$	相关性
0.8~1.0	极强相关
0.6~0.8	强相关
0.4~0.6	中等相关
0.2~0.4	弱相关
0.001~0.2	极弱相关
0.0	无相关

使用 SPSS 中 Pearson 相关分析法分析假设模型的各影响因素之间是否存在显著依存关系，从而对相关假设是否成立进行初步验证。

一、持续使用意向影响因素的相关分析

根据第三章（第二节）的理论假设，移动社会网络服务持续使用意向受用户感知价值性、用户满意度、感知信任度及用户习惯的正向影响。如表 5-16 所示。

表5–16   持续使用意向与其影响因素的相关分析结果（样本数 N=366）

分析项	感知价值性	用户满意度	感知信任度	用户习惯
相关系数 $\rho_{x,y}$	0.547**	0.622**	0.237**	0.706**
显著性（双侧）	0.000	0.000	0.000	0.000

注：** 表示在 0.01 水平（双侧）上显著相关。

从表 5–16 可知，移动社会网络服务用户持续使用意向与感知价值性、用户满意度、感知信任度及用户习惯的 Pearson 相关系数 $\rho_{x,y}$ 分别为 0.547、0.622、0.237 及 0.706，且在 0.01 的置信度水平下显著。其中，持续使用意向与用户满意度、用户习惯之间的相关系数 $\rho_{x,y}$ 在 0.600 以上，已经达到了强相关程度；与感知价值性的 $\rho_{x,y}$ 值达到中等相关程度；与感知信任度的 $\rho_{x,y}$ 值也达到了弱相关程度。

上述结果初步验证了第三章（第二节）的假设 1、假设 2、假设 3 和假设 10 是成立的。

二、用户满意度与影响因素的相关分析

根据第三章（第二节）的理论假设，使用者对移动社会网络服务用户满意度受感知互动性、社群认同及服务质量的正向影响。表 5–17 显示了上述影响因素与用户满意度的相关分析结果。

表5–17   用户满意度与其影响因素的相关分析结果（样本数 N=366）

分析项	感知互动	社群认同	服务质量
相关系数 $\rho_{x,y}$	0.529**	0.811**	0.755**
显著性（双侧）	0.000	0.000	0.000

注：** 表示在 0.01 水平（双侧）上显著相关。

通过表 5–17 所示数据可知，用户满意度与其影响因素的相关系数呈现相关关系，且显著性值小于 0.05；Pearson 相关系数 $\rho_{x,y}$ 分别为 0.529、

0.811 及 0.755。其中，用户满意度与各影响因素之间的相关系数 $\rho_{x,y}$ 值均大于 0.5，达到中等程度以上的相关，与社群认同、服务质量因素之间的相关系数超过 0.7 以上，已经达到强相关程度。

上述结果验证了第三章（第二节）的假设 4、假设 5 和假设 6 是成立的。

三、感知信任度与影响因素的相关分析

根据第三章（第二节）的理论假设，移动社会网络服务用户感知信任度受产品质量的正向影响。表 5-18 显示了上述影响因素与感知信任度的相关分析结果。

表 5-18　感知信任与其影响因素的相关分析结果（样本数 N=366）

分析项	产品质量
相关系数 $\rho_{x,y}$	0.384**
显著性（双侧）	0.000

注：** 表示在 0.01 水平（双侧）上显著相关。

通过表 5-18 数据可看出，移动社会网络服务用户感知信任与假设影响因素产品质量的相关系数在 0.01 的置信度水平上呈现正相关关系，相关系数 $\rho_{x,y}$ 为 0.384，已经接近中等相关程度。该结果初步验证了第三章（第二节）的假设 7。

四、感知价值性与影响因素的相关分析

根据第三章（第二节）的理论假设，移动社会网络服务用户感知价值性受感知娱乐性和社群影响的正向影响。表 5-19 显示了上述影响因素与感知价值性的相关分析结果。

表5-19 感知价值性与其影响因素的相关分析结果（样本数 N=366）

分析项	感知娱乐性	社群影响
相关系数 $\rho_{x,y}$	0.569**	0.500**
显著性（双侧）	0.000	0.000

注：** 表示在 0.01 水平（双侧）上显著相关。

如表 5-19 所示中的数据，感知价值性与上述影响因素正相关关系在
0.01 的显著性水平下均成立。其中，感知价值性与感知娱乐性、社群影
响之间的 Pearson 相关系数 $\rho_{x,y}$ 都在 0.5 以上，已达到中等程度的相关，
此结果验证了第三章（第二节）的假设 8 和假设 9。

第五节 控制变量对持续使用意向的差异化影响分析

一、用户年龄层次对持续使用意向的差异化影响

采用单因素方差分析方法分析用户年龄层次对持续使用意向变量的
感知是否有显著差异，分析结果如表 5-20、表 5-21 所示。

表5-20 用户年龄层次方差同质性检验结果

Levene 统计量	0.956
分子自由度	4
分母自由度	361
显著性 P	0.432

表 5-21　用户年龄层次单因素方差分析结果

	平方和	自由度	平均平方和	F 检验	显著性 P
组间	23.848	4	5.962	6.309	0.000
组内	341.152	361	0.945		
总数	365.000	365			

从表 5-20 可以看出，不同年龄层次样本间的方差同质性检验的显著水平值为 0.432，大于 0.05，表明不同年龄层次样本间的方差具有同质性。方差具有同质性时，需采用 Scheffe 方差分析方法进行进一步分析，分析结果如表 5-20 所示，整体检验的 F 值为 6.309，显著水平 P 值为 0.000，小于 0.05，表示不同年龄层次的用户持续使用意向有显著性差异。对不同年龄层次用户的差异程度进行深入的两两比较，结果如表 5-22 所示。

表 5-22　用户年龄层次对持续使用意向多重分析结果

年龄层次	对比层次	均值差（I-J）	标准误	显著性
19 岁以下	20~29 岁	-0.195	0.226	0.946
	30~39 岁	-0.690	0.226	0.056
	40~49 岁	-0.508	0.271	0.479
	50 岁以上	-0.861	0.484	0.531
20~29 岁	19 岁以下	0.195	0.226	0.946
	30~39 岁	-0.495*	0.111	0.001
	40~49 岁	-0.313	0.186	0.589
	50 岁以上	-0.666	0.442	0.686
30~39 岁	19 岁以下	0.690	0.226	0.056
	20~29 岁	0.495*	0.111	0.001
	40~49 岁	0.182	0.187	0.917
	50 岁以上	-0.171	0.442	0.997
40~49 岁	19 岁以下	0.508	0.271	0.479
	20~29 岁	0.313	0.186	0.589

续表

年龄层次	对比层次	均值差（I-J）	标准误	显著性
40~49 岁	30~39 岁	−0.182	0.187	0.917
	50 岁以上	−0.353	0.467	0.966
50 岁以上	19 岁以下	0.861	0.484	0.531
	20~29 岁	0.666	0.442	0.686
	30~39 岁	0.171	0.442	0.997
	40~49 岁	0.353	0.420	0.997

表 5-22 数据显示，"30~39 岁"的用户群体在持续使用意向的感知方面显著性高于"20~29 岁"的用户群体（显著性为 0.001）；其他用户群体在持续使用意向感知方面的差异并不明显。综上所述，第三章（第二节）的假设 11a，即用户年龄层次对用户持续使用意向有显著差异化，得以证明。

二、用户学历层次对持续使用意向的差异化影响

通过单因素方差分析方法分析不同学历层次群体对持续使用意向变量的显著差异化感知，结果如表 5-23、表 5-24 所示。

表 5-23　用户学历层次方差同质性检验结果

Levene 统计量	3.432
分子自由度	4
分母自由度	361
显著性 P	0.009

表 5-24　用户学历层次单因素方差分析结果

	平方和	自由度	平均平方和	F 检验	显著性
组间	18.397	4	4.599	4.790	0.001
组内	346.603	361	0.960		
总数	365.000	365			

从表 5-23 可以看出，不同学历层次样本间的方差同质性检验的显著水平值为 0.009，小于 0.05，表明不同学历层次样本间的方差差异显著。当方差不具同质性时，应采用 Tamhane's 方差分析方法，分析结果如表 5-24 所示，整体检验的 F 值为 4.790，显著水平 P 值为 0.001，小于 0.05，表示不同学历层次的用户对持续使用意向有显著性差异。对不同学历层次用户的差异程度进行深入的两两比较，结果如表 5-25 所示。

表 5-25　用户学历层次对持续使用意向多重分析结果

学历层次	对比层次	均值差（I-J）	标准误	显著性
初中及以下	高中/中专/技校	0.280	0.504	1.000
	大专	0.568	0.456	0.936
	本科	0.334	0.463	0.999
	研究生及以上	0.033	0.461	1.000
高中/中专/技校	初中及以下	−0.280	0.504	1.000
	大专	0.288	0.238	0.932
	本科	0.054	0.250	1.000
	研究生及以上	−0.247	0.248	0.980
大专	初中及以下	−0.568	0.456	0.936
	高中/中专/技校	−0.288	0.238	0.932
	本科	−0.234	0.129	0.527
	研究生及以上	−0.535*	0.125	0.000
本科	初中及以下	−0.334	0.463	0.999
	高中/中专/技校	−0.054	0.250	1.000
	大专	0.234	0.129	0.527
	研究生及以上	−0.301	0.146	0.340
研究生及以上	初中及以下	−0.033	0.461	1.000
	高中/中专/技校	0.247	0.248	0.980
	大专	0.535*	0.125	0.000
	本科	0.301	0.146	0.340

从表 5-25 数据看，学历层次为"研究生及以上"的用户群体在持续使用意向的感知方面显著高于学历层次为"专科"的用户群体（显著性为 0.000）；而其他用户群体在持续使用意向感知方面的差异并不明显。综上所述，第三章（第二节）的假设 11b，即学历层次对用户持续使用意向有显著差异化，得以证明。

三、用户收入层次对持续使用意向的差异化影响

通过单因素方差分析方法分析不同收入层次用户群体对持续使用意向变量的显著差异化感知，结果如表 5-26、表 5-27 所示。

表 5-26　用户收入层次方差同质性检验结果

Levene 统计量	0.211
分子自由度	5
分母自由度	360
显著性 P	0.958

表 5-27　用户收入层次单因素方差分析结果

	平方和	自由度	平均平方和	F 检验	显著性
组间	28.264	5	5.653	6.043	0.000
组内	336.736	360	0.935		
总数	365.000	365			

表 5-26 可以看出，不同收入层次样本间的方差齐性检验的显著水平值为 0.958，大于 0.05，表明不同收入层次样本间的方差同质性。当方差具有同质性时，应采用 Scheffe 方差分析方法，分析结果如表 5-27 所示，整体检验的 F 值为 6.043，显著水平 P 值为 0.000，小于 0.05，表示不同收入层次用户群体对持续使用意向感知有显著性差异。对不同收入层次用户群体的差异程度进行深入的两两比较，结果如表 5-28 所示。

表 5-28 用户收入层次对持续使用意向多重分析结果

收入层次	对比层次	均值差（I–J）	标准误	显著性
3000 元以下	3001~5000 元	−0.432	0.164	0.232
	5001~8000 元	−0.454	0.162	0.167
	8001~15000 元	−0.788*	0.174	0.001
	15000 元及以上	−0.567*	0.169	0.048
	无收入	−0.013	0.182	1.000
3001~5000 元	3000 元以下	0.432	0.164	0.232
	5001~8000 元	−0.022	0.167	1.000
	8001~15000 元	−0.356	0.179	0.556
	15000 元及以上	−0.136	0.174	0.987
	无收入	0.418	0.186	0.413
5001~8000 元	3000 元以下	0.454	0.162	0.167
	3001~5000 元	0.022	0.167	1.000
	8001~15000 元	−0.334	0.177	0.613
	15000 元及以上	−0.113	0.171	0.994
	无收入	0.441	0.184	0.335
8001~15000 元	3000 元以下	0.788*	0.174	0.001
	3001~5000 元	0.356	0.179	0.556
	5001~8000 元	0.334	0.177	0.613
	15000 元及以上	0.220	0.183	0.919
	无收入	0.775*	0.195	0.008
15000 元及以上	3000 元以下	0.567*	0.169	0.048
	3001~5000 元	0.136	0.174	0.987
	5001~8000 元	0.113	0.171	0.994
	8001~15000 元	−0.220	0.183	0.919
	无收入	0.554	0.190	0.134
无收入	3000 元以下	0.013	0.182	1.000
	3001~5000 元	−0.418	0.186	0.413
	5001~8000 元	−0.441	0.184	0.335
	8001~15000 元	−0.775*	0.195	0.008
	15000 元及以上	−0.554	0.190	0.134

表 5-28 数据显示，收入层次为"无收入"的用户群体对持续使用意向变量的感知显著低于收入层次为"8001~15000 元"的用户群体（显著性为 0.008），而收入层次为"3000 元以下"的用户群体在持续使用意向变量感知方面显著低于收入层次为"8001~15000 元"和"15000 元以上"的用户群体（显著性分别为 0.001 和 0.048）；其他用户群体在持续使用意向感知方面的差异并不明显。上述数据显示，低收入层次人群在持续使用意向的感知方面显著性低于高收入层次人群。

综上所述，第三章（第二节）的假设 11c，即用户收入层次对用户持续使用意向有显著差异，得以证明。

第六节　本章小结

通过线上和线下方式发放和回收 MSNS 用户持续使用意向问卷，利用 SPSS 工具对问卷数据进行样本分析、描述性统计分析。对问卷的测量量表进行信度和效度检验，对持续使用意向与其影响因素之间、对感知价值性与其影响因素之间、对感知信任度与其影响因素之间及对用户满意度与其影响因素之间进行相关性分析；采用单因素方差分析法，分析控制变量对持续使用意向变量的感知是否有显著差异，分析年龄层次、学历层次及收入层次对持续使用意向变量是否有显著差异化影响，结果表明，年龄层次、学历层次及收入层次对持续使用意向的感知存在显著性差异。

第六章 移动社会网络服务用户持续使用意向研究的实证分析

第一节 用户持续使用意向模型的假设检验分析

一、持续使用意向结构方程分析

结构方程模型是一种可对多变量进行统计的方法，包括因素分析和路径分析。结构方程模型能检验模型中各变量之间的相关关系，获得因变量受自变量影响直接或间接效果的程度，其统计分析方法较多，根据本书样本数据的特征，选用极大似然估计法，其常用评价指标如表 6-1 所示。

表 6-1 结构方程模型适配度的评价指标及其标准

指标名称	统计检验量	适配的标准或临界值
绝对适配度指数	X^2	卡方值
	GFI	>0.800 以上

续表

指标名称	统计检验量	适配的标准或临界值
绝对适配度指数	AGFI	>0.800 以上
	RMSEA	<0.080
增值适配度指数	NFI	>0.800 以上
	RFI	>0.800 以上
	IFI	>0.800 以上
	TLI	>0.800 以上
	CFI	>0.800 以上
简约适配度指数	PGFI	>0.500 以上
	PNFI	>0.500 以上
	CN	>200
	CMIN/DF（X^2 自由度比值）	$1<X^2<5$

　　与简单回归分析方法相比，结构方程模型方法能同时处理多个因变量共存的情况，对复杂模型结构的分析效果更佳。其中，AMOS 统计工具的优点是对样本限制较少和适用于对因变量的预测。

　　MSNS 用户持续使用意向的理论模型中，共有 11 个与用户心理感受强相关的潜在变量（另外还有几个属于与用户心理感受弱相关的变量，只起调节或控制作用）。其中有 7 个自变量（即感知娱乐性 PE、感知互动性 PI、用户习惯 HAB、产品质量 SYQ、服务质量 SVQ、社群认同 SR、社群影响 SI），由于影响其变化的相关因素只为外部观测项，因此在 MSNS 用户持续使用意向的结构方程模型中，将这 7 个自变量定义为外因变量；理论模型中还有 3 个中介变量（即感知价值性 PV、感知信任度 PT、用户满意度 SAT）和 1 个因变量（即持续使用意向 CI），影响其变化的因素不仅包括外部观测项，同时还受潜在变量群内部其他变量的影响，因此在 MSNS 用户持续使用意向的结构方程模型中，将其定义为内因变量。

（一）构建模型中潜在变量相互之间的影响路径

构建 MSNS 用户持续使用意向的结构方程模型时，用椭圆形来表示潜在变量，并通过单向实线箭头来表示第三章（第二节）中 11 个假设关系；同时考虑 7 个外因变量之间的相互影响关系，以双向虚线箭头表示其相互之间的影响路径。

（二）构建模型中潜在变量与观测项变量之间的影响路径

构建 MSNS 用户持续使用意向的结构方程模型时，用矩形来表示观测项变量，通过单向实线箭头表示相关观测项变量对相应潜在变量的影响路径，并任选一条路径为基准路径，将其回归系数值设置为 1。

（三）构建模型中潜在变量和观测项变量与残差变量之间的影响路径

为考察用户持续使用意向四维度理论模型的合理性及数据的可靠性，对内因变量和观测项变量需要引入残差变量（图 6-1 中以圆形框标识）进行测量。通过单向实线箭头分别表示模型中 42 个残差变量对 4 个内因变量和 38 个观测项变量的影响路径，这些路径的回归系数均设置为 1。

由此得出 MSNS 用户持续使用意向的结构方程模型，如图 6-1 所示。

二、持续使用意向模型拟合分析

结构方程模型的基本拟合标准是用来检验模型的误差以及误输入等问题，主要满足以下几个标准：

第一，不能有负的测量误差；

第二，测量误差的显著性值必须小于 0.05；

第三，各测量项因子载荷必须介于 0.5~0.95；

第四，不能有很大的标准误差。

表 6-2、表 6-3 分别是 MSNS 用户持续使用意向模型中潜在变量间的路径系数及外因变量的误差方差和各个测量项的因子负荷系数。

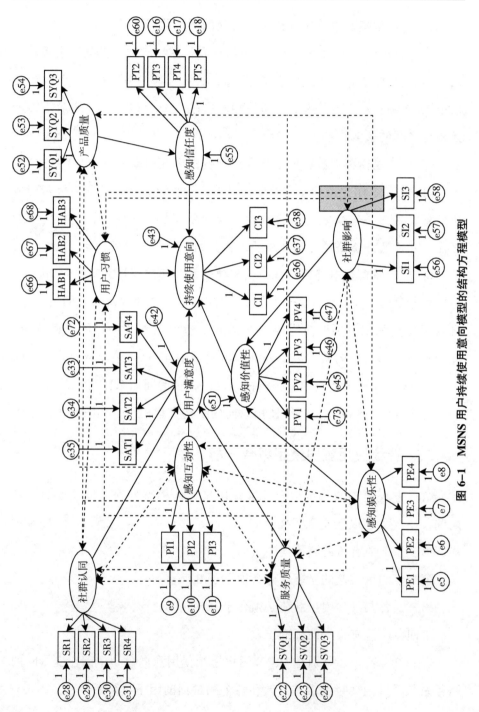

图 6-1 MSNS 用户持续使用意向模型的结构方程模型

其中路径回归系数指的是结构方程模型采用极大似然法估计的非标准化回归系数值，以 Estimate 值表示；

标准回归系数即各影响路径系数，以 β 值表示；

标准误 S.E.（Standard error）指的是估计值 Estimate 的标准误差；

临界比 C.R.（Critical ratio）为回归系数值 Estimate 除以估计值的标准误 S.E.，一般 C.R.栏的值大于 1.96，则表示该显著性水平 P>0.05；

显著性 P 表示显著性概率值，当 P<0.001 时 P 栏仅显示 ***。

表 6-2 持续使用意向模型中的影响路径系数表

影响路径	路径回归系数（Estimate 值）	标准路径系数（β 值）	标准误（S.E.）	临界比（C.R.）	显著性（P 值）
H1：用户满意度→持续使用意向	0.333	0.293	0.054	6.134	***
H2：感知信任度→持续使用意向	−0.272	−0.256	0.039	−7.003	***
H3：感知价值性→持续使用意向	0.122	0.111	0.044	2.798	0.005
H4：感知互动性→用户满意度	0.148	0.174	0.028	5.300	***
H5：社群认同→用户满意度	0.642	0.657	0.077	8.336	***
H6：服务质量→用户满意度	0.182	0.175	0.077	2.370	0.018
H7：产品质量→感知信任度	0.517	0.463	0.062	8.312	***
H8：感知娱乐性→感知价值性	0.383	0.424	0.055	6.922	***
H9：社群影响→感知价值性	0.327	0.328	0.058	5.668	***
H10：用户习惯→持续使用意向	0.840	0.657	0.080	10.494	***

表 6-3 为持续使用意向模型中所有潜在变量与其对应测量项的因子负荷系数，其中感知信任性 PT 的三个测量项 PT1、PT6、PT7 在第四章的最终问卷修订时，因为公因子提取方差值过小而被删除（见表 4-20）。

所有潜在变量测量项的标准回归系数（标准 Estimate），都介于 0.7~0.95；且误差方差的 S.E.均比较小，介于 0.029~0.08。

表 6-3　持续使用意向模型中的测量项因子负荷系数

影响路径	因子负荷系数 （Estimate 值）	标准因子 负荷系数	标准误 （S.E.）	临界比 （C.R.）	显著性 （P 值）
感知娱乐性 PE→PE1	1	0.736			
感知娱乐性 PE→PE2	1.039	0.89	0.060	17.396	***
感知娱乐性 PE→PE3	1.06	0.925	0.059	18.094	***
感知娱乐性 PE→PE4	0.962	0.875	0.056	17.092	***
感知互动性 PI→PI1	1	0.928			
感知互动性 PI→PI2	0.987	0.944	0.030	32.841	***
感知互动性 PI→PI3	0.933	0.865	0.036	25.893	***
服务质量 SVQ→SVQ1	1	0.795			
服务质量 SVQ→SVQ2	1.139	0.857	0.063	18.155	***
服务质量 SVQ→SVQ3	0.969	0.786	0.060	16.276	***
社群认同 SR→SR1	1	0.824			
社群认同 SR→SR2	1.022	0.847	0.052	19.814	***
社群认同 SR→SR3	1.022	0.817	0.055	18.744	***
社群认同 SR→SR4	1.096	0.864	0.054	20.432	***
用户满意度 SAT→SAT1	1	0.89			
用户满意度 SAT→SAT2	1.072	0.933	0.037	28.776	***
用户满意度 SAT→SAT3	1.076	0.927	0.038	28.368	***
用户满意度 SAT→SAT4	1.099	0.888	0.043	25.478	***
感知价值性 PV→PV1	0.948	0.625	0.075	12.587	***
感知价值性 PV→PV2	1.187	0.897	0.059	20.016	***
感知价值性 PV→PV3	1.197	0.943	0.057	21.104	***
感知价值性 PV→PV4	1	0.795			
产品质量 SYQ→SYQ1	1	0.835			
产品质量 SYQ→SYQ2	1.076	0.901	0.049	21.982	***
产品质量 SYQ→SYQ3	1.048	0.878	0.050	21.088	***
感知信任性 PT→PT2	1.262	0.853	0.065	19.374	***
感知信任性 PT→PT3	1.232	0.907	0.058	21.137	***
感知信任性 PT→PT4	1.073	0.864	0.054	19.752	***

续表

影响路径	因子负荷系数 （Estimate 值）	标准因子 负荷系数	标准误 (S.E.)	临界比 (C.R.)	显著性 (P 值)
感知信任性 PT→PT5	1	0.819			
社群影响 SI→SI1	1	0.848			
社群影响 SI→SI2	1.023	0.903	0.045	22.742	***
社群影响 SI→SI3	0.974	0.811	0.051	19.018	***
用户习惯 HAB→HAB1	1	0.704			
用户习惯 HAB→HAB2	1.152	0.861	0.075	15.420	***
用户习惯 HAB→HAB	1.206	0.835	0.080	15.007	***
持续使用意向 CI→CI1	1	0.952			
持续使用意向 CI→CI2	1.027	0.938	0.029	35.954	***
持续使用意向 CI→CI3	0.935	0.869	0.033	27.985	***

注：*** 表示在 0.001 水平上显著。

表 6-4 是外因变量（即 7 个自变量：感知娱乐性、感知互动性、服务质量、社群认同、产品质量、社群影响、用户习惯）及相应的 42 个残差项变量误差方差值，包括方差估值 Estimate、方差估值标准误 S.E.、临界比 C.R. 及显著性检验水平 P 值。

表中各外因变量的方差标准误均为正值，且其显著水平 P 值均小于 0.001，说明所有的外因变量及残差项变量的方差，在总体中显著不为 0。

同时，表 6-2、表 6-3 和表 6-4 的所有标准误差值均不等于 0，表明模型符合基本拟合标准，不存在模型界定错误的问题。

表 6-4 持续使用意向模型中外因变量及其残差项变量的误差方差表

变量	方差 Estimate	标准误 S.E.	临界比 C.R.	显著性 P	变量	方差 Estimate	标准误 S.E.	临界比 C.R.	显著性 P
感知娱乐性	1.617	0.201	8.049	***	e29	0.534	0.046	11.578	***
感知互动性	1.705	0.147	11.577	***	e30	0.676	0.056	11.993	***
服务质量	1.145	0.129	8.855	***	e31	0.532	0.047	11.260	***

续表

变量	方差 Estimate	标准误 S.E.	临界比 C.R.	显著性 P	变量	方差 Estimate	标准误 S.E.	临界比 C.R.	显著性 P
社群认同	1.301	0.137	9.526	***	e33	0.234	0.023	9.983	***
产品质量	1.143	0.118	9.660	***	e34	0.214	0.022	9.685	***
社群影响	1.327	0.134	9.892	***	e35	0.326	0.029	11.346	***
用户习惯	0.980	0.134	7.498	***	e36	0.165	0.023	7.136	***
e42	0.214	0.026	8.128	***	e37	0.232	0.027	8.532	***
e51	0.739	0.086	8.634	***	e38	0.453	0.039	11.574	***
e55	1.120	0.122	9.151	***	e45	0.474	0.054	8.853	***
e43	0.379	0.043	8.912	***	e46	0.219	0.044	4.937	***
e5	1.368	0.110	12.459	***	e47	0.765	0.065	11.760	***
e6	0.460	0.046	9.972	***	e52	0.498	0.044	11.218	***
e7	0.308	0.038	8.088	***	e53	0.308	0.034	9.144	***
e8	0.457	0.044	10.484	***	e54	0.375	0.037	10.121	***
e9	0.277	0.032	8.695	***	e56	0.519	0.048	10.882	***
e10	0.201	0.028	7.284	***	e57	0.313	0.035	8.820	***
e11	0.499	0.044	11.341	***	e58	0.655	0.057	11.556	***
e16	0.468	0.056	8.345	***	e60	0.851	0.081	10.529	***
e17	0.556	0.055	10.196	***	e66	0.999	0.081	12.340	***
e18	0.700	0.062	11.262	***	e67	0.456	0.046	9.956	***
e22	0.668	0.060	11.128	***	e68	0.617	0.058	10.668	***
e23	0.537	0.056	9.537	***	e72	0.403	0.035	11.400	***
e24	0.667	0.059	11.276	***	e73	1.853	0.143	21.925	***
e28	0.616	0.052	11.915	***					

注：*** 表示在 0.001 水平上显著。

表 6-5 是外因变量（即 7 个自变量）之间的协方差估计值及其显著性检验。其中，协方差 Estimate 表示外因变量间的协方差估计值，协方差 S.E.表示外因变量的协方差间标准误，协方差 C.R.则表示估计值和标准误之间临界值比，P 则代表显著性水平，相关系数 Estimate 指各个自变量间

的积差相关。从表 6-5 可以看出，所有自变量之间的方差均为正值，且各变量间相关的共变关系达到显著，且相关显著性 P 值小于 0.001。

表 6-5　持续使用意向模型的协方差数值及相关系数表

变量共变关系	协方差	标准误 S.E.	临界比 C.R.	显著性 P	相关系数
感知娱乐性↔感知互动性	1.054	0.120	8.749	***	0.635
感知娱乐性↔服务质量	0.777	0.101	7.711	***	0.571
感知娱乐性↔社群认同	0.828	0.105	7.913	***	0.571
感知娱乐性↔产品质量	0.801	0.099	8.074	***	0.589
感知娱乐性↔社群影响	0.846	0.106	7.989	***	0.578
感知娱乐性↔用户习惯	0.832	0.103	8.070	***	0.661
感知互动性↔服务质量	0.581	0.090	6.463	***	0.416
感知互动性↔社群认同	0.697	0.095	7.300	***	0.468
感知互动性↔产品质量	1.044	0.103	10.105	***	0.748
感知互动性↔社群影响	0.972	0.105	9.263	***	0.646
感知互动性↔用户习惯	1.035	0.108	9.583	***	0.801
服务质量↔社群认同	1.075	0.106	10.157	***	0.881
服务质量↔产品质量	0.807	0.089	9.078	***	0.705
服务质量↔社群影响	0.83	0.094	8.858	***	0.673
服务质量↔用户习惯	0.648	0.083	7.789	***	0.612
社群认同↔产品质量	0.831	0.091	9.133	***	0.681
社群认同↔社群影响	1.155	0.110	10.524	***	0.88
社群认同↔用户习惯	0.719	0.088	8.158	***	0.637
产品质量↔社群影响	0.945	0.096	9.848	***	0.768
产品质量↔用户习惯	0.924	0.097	9.560	***	0.873
社群影响↔用户习惯	0.847	0.095	8.919	***	0.743

注：*** 表示在 0.001 水平上显著。

表 6-6 显示了模型的各项适度指标。在 AMOS 中，极大似然比卡方值简称为 CMIN（X^2），该值用来检验理论模型与实际数据是否适配，原则上 CMIN（X^2）值应该越小越好，然而随着假设模型的样本数增多，其

CMIN（X²）值也将越大，因此，大部分研究学者引入卡方自由度比值（CMIN/DF）来作为模型适配度的判断指标。在表 6-6 中，CMIN（X²）值为 1984.427，DF 为 634，CMIN/DF 值为 3.130，取值范围小于 5，表示模型适配度可接受。

表 6-6　模型的卡方值表

模型	NPAR	CMIN（X²）	DF	P	CMIN/DF
预设模型	107	1984.427	634	0.000	3.130
饱和模型	741	0.000	0		
独立模型	38	14872.924	703	0.000	21.156

比较适配指标、增值适配指标及相对适配指标等都是判断模型适配度的衍生指标，其典型应用是基准线模型，即通过假设所有的观察变量间彼此相互独立且完全不相关，又被称之为虚无模型。增值适配度统计量通常是将待检验的假设理论模型与基准线模型的适配度相互比较，从而判别模型的契合度。一般基准线比较（Baseline Comparisons）指标参数包括规准适配指数（NFI）、相对适配指数（RFI）、增值适配指数（IFI）、非规准适配指数（TLI）及比较适配指数（CFI）。

通常，NFI 值用来比较理论模型与虚无模型之间的卡方值差距与虚无模型卡方值的比值，NFI 的值一般越接近 1 越好；

TLI 指标用来比较两个对立模型之间的适配度，或者用来比较所提出的模型对虚无模型之间的适配程度，TLI 的值应介于 0~1，越接近 1 越好；

CFI 是 NFI 的改良值，其代表的意义为测量从最限制模型到最饱和模型时，非集中参数的改善情形，并且以非集中参数的卡方分布及其非集中参数来定义。

CFI 的值介于 0~1，越接近 1 表示模型拟合越好，其值大于 0.90 时表示模型可接受。有的专家学者认为，若 NFI、RFI、IFI、TLI 及 CFI 的值均大于 0.8，则模型可以接受。

从表 6-7 看，NFI、RFI、IFI、TLI 均大于 0.85，其中 CFI 的值为 0.905，各项指标都符合要求，因此认为结构方程模型与调查数据拟合程度较好，可以用于检验模型中的相关假设。

表 6-7　模型的基准线比较指标参数表

模型	NFI Delta1	RFI Rho1	IFI Delta2	TLI Rho2	CFI
预设模型	0.867	0.852	0.905	0.894	0.905
饱和模型	1.000		1.000		1.000
独立模型	0.000	0.000	0.000	0.000	0.000

简约调整后的测量值（Parsimony-Adjusted Measures）中包含了四个估计值，分别是简约比值（PRATIO）、简约调整后的规则适配度（PNFI）、简约调整后的比较适配度（PCFI）及简约适配度指数（PGFI）。PRATIO 值为假设模型中待估计参数的自由度与独立模型的自由度比值；PNFI 是 NFI 与 PRATIO 乘积；PCFI 是 CFI 与 PRATIO 乘积；PGFI 则是 GFI 与 PRATIO 乘积。黄芳铭认为 PNFI、PCFI 及 PGFI 的取值应介于 0~1，其值大于 0.5 以上则认为模型适配度可被接受。如表 6-8 所示的数据，PNFI 的值为 0.782、PCFI 的值为 0.816 及 PGFI 的值为 0.660，其值均大于 0.5，表明本书模型适配度可接受。

表 6-8　模型的简约调整后的测量值表

模型	PRATIO	PNFI	PCFI	PGFI
预设模型	0.898	0.782	0.816	0.660
饱和模型	0.000	0.000	0.000	0.000
独立模型	1.000	0.000	0.000	0.000

渐进残差均方和平方根（RMSEA）是一种不需要基准线模型的绝对性指标，其值较为稳定，不会受样本的大小而影响，因此，RMSEA 值是最重要也是最佳的模型适配指标。Yu 和 Kim（2016）认为，RMSEA 的值越小，表示模型适配度效果越好。当 RMSEA 值大于 0.10 时，则认为当前理论模型适配度欠佳，需要进行修正；当 RMSEA 值介于 0.08~0.10 则认为模型尚可，能被接受；当 RMSEA 的值介于 0.05~0.08 时，则认为当前模型适配度良好，即合理适配。表 6-9 中，模型的 RMSEA 值为 0.076，说明本书模型适配度效果良好。

表 6-9　模型的渐进残差均方和算术平方根表

模型	RMSEA	LO90	HI90	PCLOSE
预设模型	0.076	0.073	0.080	0.000
独立模型	0.235	0.232	0.238	0.000

三、持续使用意向模型路径分析

研究多个变量之间的多层因果关系及相关性一般采用路径分析。路径分析方法首先判断检验假设理论模型中变量之间的相关性，若显著相关则继续检验变量之间的因果关系，若因果关系成立则进一步研究变量之间的关系是直接还是间接影响。

从表 6-2 所示的数据看，移动社会网络服务用户持续使用意向模型的各路径系数显著水平都在 0.001，表明理论模型中各研究假设均被支持。模型中的多元相关系数的平方值（R^2）一般用于表示模型中变量被解释的程度。如表 6-10 所示，中间变量感知信任度被产品质量的解释程度为 21.5%；感知价值性被感知娱乐性、社群影响的解释程度为 44.8%；用户满意度被感知互动性、服务质量及社群认同的解释程度为 82.7%，因变量持续使用意向 R^2 的值为 0.763，表明模型的因变量持续使用意向被感知信任度、感知价值性、用户满意度及用户习惯的解释程度为 76.3%，高于同类 ECM 及 D&M 扩展模型的解释程度 67%。

表 6-10　模型多元相关系数 R^2 值表

潜在变量名称	Estimate
感知信任度	0.215
感知价值性	0.448
用户满意度	0.827
持续使用意向	0.763

第二节　用户持续使用意向模型的调节分析

通过上述数据验证分析可知，用户持续使用意向理论模型的模型拟合度良好，初步认为本理论模型有效。接下来研究用户性别、技术背景及区域背景对模型中各影响路径的调节作用。

在结构方程模型中，检验评估适配于某一样本群体的模型是否也适配于其他不同样本群体的方法一般采用多群组分析方法。间断变量被用于分割不同样本群体，若通过多群组分析检验结果表明该假设模型在分割好的不同样本群体间被接受且存在一定的差异，则认为此间断变量对假设模型具有调节作用。本书采用 AMOS 中的多群组路径来检验用户性别、技术背景及区域背景等变量对用户持续使用意向模型的调节作用。

一、用户性别对模型的调节分析

(一) 用户性别对各影响因素的方差分析

由于用户性别是二分变量，只有"男"或"女"两个取值，验证"男""女"两个样本的总体平均数的显著差异，采用独立样本 t 检验的方差分析方法。该方法提出"两个样本的均值不存在显著差异"作为原假设，运用 SPSS 软件展开方差 Levene 检验，若显著性 Sig.大于 0.05，则选择"方差相等"栏读取结果。若在"平均值相等性的 t 检验"中显著性 Sig.（双侧）小于 0.05，则表示原假设应该被拒绝，即两个样本的均值具有显著差异性。具体数据如表 6-11 所示。

表 6-11　性别对模型各影响因素的独立 t 检验结果表

影响因素	方差假设	Levene 检验		均值方程的 t 检验		
		F	Sig.	t	df	Sig.（双侧）
感知价值性	假设方差相等	1.282	0.258	−0.327	357	0.744
	假设方差不相等			−0.325	346.159	0.745
感知娱乐性	假设方差相等	1.483	0.224	−0.797	357	0.426
	假设方差不相等			−0.793	341.589	0.428
感知互动性	假设方差相等	0.000	0.984	−2.891	357	0.004
	假设方差不相等			−2.884	349.207	0.004
感知信任度	假设方差相等	0.555	0.457	0.752	357	0.453
	假设方差不相等			0.749	346.418	0.455
用户习惯	假设方差相等	0.018	0.893	−1.629	357	0.104
	假设方差不相等			−1.626	350.655	0.105
产品质量	假设方差相等	0.134	0.714	−2.407	357	0.017
	假设方差不相等			−2.406	352.769	0.017
服务质量	假设方差相等	0.217	0.642	−0.657	357	0.512
	假设方差不相等			−0.654	344.889	0.513

续表

影响因素	方差假设	Levene 检验		均值方程的 t 检验		
		F	Sig.	t	df	Sig.（双侧）
社群认同	假设方差相等	0.046	0.830	−1.393	357	0.164
	假设方差不相等			−1.392	352.229	0.165
社群影响	假设方差相等	0.070	0.792	−2.630	357	0.009
	假设方差不相等			−2.628	352.883	0.009
用户满意度	假设方差相等	0.319	0.572	−2.164	357	0.031
	假设方差不相等			−2.153	342.561	0.032
持续使用意向	假设方差相等	0.316	0.574	−2.631	357	0.009
	假设方差不相等			−2.629	352.461	0.009

从表 6-11 的数据看，方差方程各 Levene 检验的显著水平 P 值（即 Sig.值）大于 0.05，说明性别对上述影响因素的样本具有方差不相等的特点。在此情况下，需要检测均值方程的 t 检验的显著性。如表 6-11 所示，性别对感知互动性、产品质量、社群影响、用户满意度及持续使用意向等影响因素的显著水平 P 值［即 Sig.（双侧）值］小于 0.05，由此可知性别对持续使用意向的部分影响因素有显著差异化影响，初步表明性别对本理论模型有调节作用。

（二）用户性别调节模型调节分析

本书将样本数据分别分成男性群体和女性群体两组，分别构建移动社会网络服务用户持续使用意向模型性别调节模型。以用户性别对感知价值性影响持续使用意向调节变量模型为例，在该模型中，男性和女性分组的感知价值性与持续使用意向的路径系数值不做限定，其他路径系数限定相等，通过 AMOS 分析用户性别对感知价值性与持续使用意向调节模型，从而验证用户性别对感知价值性对用户持续使用意向模型的调节效用。

本书先对调节模型进行模型拟合分析，结果如表 6-12~表 6-15 所示。

表 6-12　性别调节模型的卡方值表

模型	NPAR	CMIN (X^2)	DF	P	CMIN/DF
预设模型	214	3175.807	1268	0.000	2.505
性别对用户满意度与持续使用意向调节模型	213	3182.824	1269	0.000	2.508
性别对感知娱乐性与感知价值性调节模型	213	3175.876	1269	0.000	2.503
性别对感知价值性与持续使用意向调节模型	213	3176.032	1269	0.000	2.503
性别对服务质量与用户满意度调节模型	213	3175.821	1269	0.000	2.503
性别对社群认同与用户满意度调节模型	213	3175.898	1269	0.000	2.503
性别对产品质量与感知信任度调节模型	213	3176.194	1269	0.000	2.503
性别对社群影响与感知价值性调节模型	213	3176.713	1269	0.000	2.503
性别对感知互动性与用户满意度调节模型	213	3175.941	1269	0.000	2.503
性别对感知信任度对持续使用意向调节模型	213	3177.075	1269	0.000	2.504
性别对用户习惯对持续使用意向调节模型	213	3180.614	1269	0.000	2.506
饱和模型	1482	0	0		
独立模型	76	16764.466	1406	0.000	11.924

表 6-13　性别调节模型的基准线比较指标参数表

模型	NFI Delta1	RFI Rho1	IFI Delta2	TLI Rho2	CFI
预设模型	0.818	0.80	0.884	0.869	0.883
性别对用户满意度与持续使用意向调节模型	0.816	0.80	0.882	0.868	0.881
性别对感知娱乐性与感知价值性调节模型	0.816	0.80	0.882	0.868	0.881
性别对感知价值性与持续使用意向调节模型	0.816	0.80	0.882	0.868	0.881

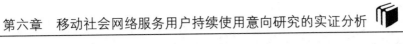

续表

模型	NFI Delta1	RFI Rho1	IFI Delta2	TLI Rho2	CFI
性别对服务质量与用户满意度调节模型	0.817	0.80	0.883	0.868	0.882
性别对社群认同与用户满意度调节模型	0.816	0.80	0.882	0.868	0.881
性别对产品质量与感知信任度调节模型	0.817	0.80	0.883	0.868	0.882
性别对社群影响与感知价值性调节模型	0.816	0.80	0.882	0.868	0.881
性别对感知互动性与用户满意度调节模型	0.816	0.80	0.882	0.868	0.881
性别对感知信任度对持续使用意向调节模型	0.817	0.80	0.883	0.869	0.882
性别对用户习惯对持续使用意向调节模型	0.817	0.80	0.883	0.868	0.881
饱和模型	1		1		1
独立模型	0	0	0	0	0

表6-14　性别调节模型的简约调整后的测量值表

模型	PRATIO	PNFI	PCFI	PGFI
预设模型	0.894	0.731	0.789	0.602
性别对用户满意度与持续使用意向调节模型	0.901	0.735	0.794	0.604
性别对感知娱乐性与感知价值性调节模型	0.901	0.735	0.794	0.604
性别对感知价值性与持续使用意向调节模型	0.901	0.735	0.794	0.604
性别对服务质量与用户满意度调节模型	0.901	0.736	0.794	0.604
性别对社群认同与用户满意度调节模型	0.901	0.735	0.794	0.604
性别对产品质量与感知信任度调节模型	0.901	0.736	0.794	0.604
性别对社群影响与感知价值性调节模型	0.901	0.735	0.794	0.604
性别对感知互动性与用户满意度调节模型	0.901	0.735	0.794	0.604
性别对感知信任度对持续使用意向调节模型	0.901	0.736	0.794	0.604
性别对用户习惯对持续使用意向调节模型	0.901	0.736	0.794	0.604
饱和模型	0	0	0	
独立模型	1	0	0	0.095

移动社会网络服务中用户持续使用意向的影响因素研究

表 6-15　模型的渐进残差均方和算术平方根表

模型	RMSEA	LO90	HI90	PCLOSE
预设模型	0.063	0.06	0.066	0
性别对用户满意度与持续使用意向调节模型	0.063	0.06	0.066	0
性别对感知娱乐性与感知价值性调节模型	0.063	0.06	0.066	0
性别对感知价值性与持续使用意向调节模型	0.063	0.06	0.066	0
性别对服务质量与用户满意度调节模型	0.063	0.06	0.066	0
性别对社群认同与用户满意度调节模型	0.063	0.06	0.066	0
性别对产品质量与感知信任度调节模型	0.063	0.06	0.066	0
性别对社群影响与感知价值性调节模型	0.063	0.06	0.066	0
性别对感知互动性与用户满意度调节模型	0.063	0.06	0.066	0
性别对感知信任度与持续使用意向调节模型	0.063	0.06	0.066	0
性别对用户习惯与持续使用意向调节模型	0.063	0.06	0.066	0
饱和模型	0.174	0.172	0.177	0

从上述数据看，CMIN/DF 的值大于 1 而小于 3；NFI、RFI、IFI、TLI 及 CFI 的值均大于 0.8，其中 CFI 的值更是接近 0.9；PNFI、PCFI 及 PGFI 的取值均介于 0~1，其值大于 0.5，RMSEA 值介于 0.5~0.8。综上所述，本书认为，调节模型的适配程度可以接受，结构方程模型与调查数据拟合程度较好，可以用于检验模型中的相关假设。

本书将样本数据按性别分成两组，进行理论模型验证，其中女性和男性用户分组 MSNS 持续使用意向模型路径系数及模型 R^2 如表 6-16~表 6-19 所示。

表 6-16　女性用户分组 MSNS 持续使用意向结构方程模型的路径系数

影响路径	路径系数 Estimate	标准 Estimate	标准误 S.E.	临界比 C.R.	显著性 P
H1：用户满意度→持续使用意向	0.206	0.174	0.076	2.715	0.007
H2：感知信任度→持续使用意向	−0.255	−0.221	0.058	−4.407	***
H3：感知价值性→持续使用意向	0.090	0.081	0.057	1.570	0.116

续表

影响路径	路径系数 Estimate	标准 Estimate	标准误 S.E.	临界比 C.R.	显著性 P
H4：感知互动性→用户满意度	0.129	0.160	0.035	3.672	***
H5：社群认同→用户满意度	0.762	0.856	0.100	7.588	***
H6：服务质量→用户满意度	−0.035	−0.038	0.095	−0.374	0.709
H7：产品质量→感知信任度	0.522	0.512	0.074	7.094	***
H8：感知娱乐性→感知价值性	0.504	0.504	0.085	5.905	***
H9：社群影响→感知价值性	0.202	0.232	0.064	3.167	0.002
H10：用户习惯→持续使用意向	1.049	0.786	0.131	7.991	***

注：*** 表示在 0.001 水平上显著。

表 6-17　女性用户分组 MSNS 持续使用模型 R^2 值

潜在变量名称	Estimate
感知信任度	0.262
感知价值性	0.443
用户满意度	0.831
持续使用意向	0.765

表 6-18　男性用户分组 MSNS 持续使用意向结构方程模型的路径系数

影响路径	路径系数 Estimate	标准 Estimate	标准误 S.E.	临界比 C.R.	显著性 P
H1：用户满意度→持续使用意向	0.536	0.475	0.076	7.004	***
H2：感知信任度→持续使用意向	−0.365	−0.320	0.063	−5.821	***
H3：感知价值性→持续使用意向	0.135	0.120	0.065	2.09	0.037
H4：感知互动性→用户满意度	0.153	0.156	0.051	3.012	0.003
H5：社群认同→用户满意度	0.837	0.834	0.177	4.733	***
H6：服务质量→用户满意度	−0.004	−0.004	0.180	−0.024	0.981
H7：产品质量→感知信任度	0.599	0.525	0.095	6.314	***
H8：感知娱乐性→感知价值性	0.474	0.536	0.076	6.265	***
H9：社群影响→感知价值性	0.306	0.279	0.086	3.565	***
H10：用户习惯→持续使用意向	0.676	0.524	0.101	6.667	***

注：*** 表示在 0.001 水平上显著。

表 6-19　男性用户分组 MSNS 持续使用模型 R^2 值

潜在变量名称	Estimate
感知信任度	0.275
感知价值性	0.535
用户满意度	0.853
持续使用意向	0.787

从表 6-16、表 6-18 可知，女性用户分组数据的假设 3 感知价值性对持续使用意向正向影响和假设 6 感知互动性对用户满意度有正向影响不成立，男性用户分组数据的假设 6 感知互动性对用户满意度有正向影响不成立，初步表明假设 12c、12h 不成立；从表 6-17、表 6-19 可知，女性和男性用户分组的 MSNS 持续使用模型 R^2 值分别为 0.765 和 0.787，初步表明用户性别对 MSNS 用户持续使用意向理论模型各影响路径具有调节作用。

因此，本书将调节模型与默认理论模型进行对比，如果 ΔCMIN 数值明显大于 0，且显著水平 P 值小于 0.05，则表明调节模型显著区别理论模型，说明调节变量对默认理论模型有调节作用，具体数据如表 6-20 所示。

表 6-20　用户性别调节模型与理论模型参数对比

模型名称	CMIN (X^2)	ΔCMIN	P
无约束预设模型	3175.807		
约束路径模型			
用户满意度对持续使用意向影响路径调节模型	3182.824	7.018	0.008
感知娱乐性对感知价值性影响路径调节模型	3175.876	0.069	0.793
感知价值性对持续使用意向影响路径调节模型	3176.032	0.225	0.635
服务质量对用户满意度影响路径调节模型	3175.821	0.014	0.905
社群认同对用户满意度影响路径调节模型	3175.898	0.092	0.762
产品质量对感知信任性影响路径调节模型	3176.194	0.387	0.534
社群影响对感知价值性影响路径调节模型	3176.713	0.907	0.341

续表

模型名称	CMIN（X^2）	ΔCMIN	P
感知互动性对用户满意度影响路径调节模型	3175.941	0.134	0.714
感知信任度对持续使用意向影响路径调节模型	3177.075	1.269	0.260
用户习惯对持续使用意向影响路径调节模型	3180.614	4.808	0.028

如表 6-20 所示，用户满意度对持续用户意向影响路径调节模型及用户习惯对持续使用意向影响路径调节模型的 ΔCMIN 值大于 0，且显著水平 P 值小于 0.05，表明调节变量用户性别对用户满意度影响持续使用意向路径及用户习惯影响持续使用意向路径有显著调节作用，即第三章（第二节）中假设 12a 及假设 12j 成立。

二、技术背景对模型的调节分析

（一）技术背景对模型各影响因素的方差分析

选用移动互联网接入的两种方式为技术背景，分别是"4G"或"Wi-Fi"两个取值。由于技术背景变量是二分变量，因此采用独立样本 t 检验方法进行方差分析，具体数据如表 6-21 所示。

表 6-21　技术背景对模型各影响因素的独立 t 检验结果表

影响因素	方差假设	Levene 检验		均值方程 t 检验		
		F	Sig.	t	df	Sig.（双侧）
感知价值性	假设方差相等	0.139	0.710	−0.992	312	0.322
	假设方差不相等			−0.992	310.845	0.322
感知娱乐性	假设方差相等	0.101	0.750	−1.089	312	0.277
	假设方差不相等			−1.091	311.752	0.276
感知互动性	假设方差相等	0.185	0.667	−2.639	312	0.009
	假设方差不相等			−2.644	311.733	0.009

续表

影响因素	方差假设	Levene 检验		均值方程 t 检验		
		F	Sig.	t	df	Sig.（双侧）
感知信任度	假设方差相等	0.001	0.970	−0.336	312	0.737
	假设方差不相等			−0.336	311.753	0.737
用户习惯	假设方差相等	0.048	0.827	−1.478	312	0.140
	假设方差不相等			−1.478	309.749	0.140
产品质量	假设方差相等	0.074	0.786	−1.966	312	0.050
	假设方差不相等			−1.969	311.406	0.050
服务质量	假设方差相等	1.417	0.235	−0.464	312	0.643
	假设方差不相等			−0.462	304.731	0.644
社群认同	假设方差相等	2.065	0.152	−2.269	312	0.024
	假设方差不相等			−2.260	303.100	0.025
社群影响	假设方差相等	0.477	0.490	−3.111	312	0.002
	假设方差不相等			−3.107	308.308	0.002
用户满意度	假设方差相等	0.601	0.439	−2.719	312	0.007
	假设方差不相等			−2.715	308.032	0.007
持续使用意向	假设方差相等	1.291	0.257	−2.345	312	0.020
	假设方差不相等			−2.340	306.389	0.020

从表 6-21 的数据看，方差方程各 Levene 检验的显著水平 Sig.大于 0.05，说明技术背景对上述影响因素样本具有方差不相等的特点，在此情况下，需要检测均值方程 t 检验的显著性。如表 6-21 所示，技术背景对感知互动性、产品质量、社群认同、社群影响、用户满意度及持续使用等影响因素的显著水平 Sig.（双侧）值小于 0.05，由此可知技术背景对持续使用意向的部分影响因素有显著差异化影响，初步表明技术背景对本理论模型具有调节作用。

（二）技术背景调节模型调节分析

将样本数据分别分成"4G"和"Wi-Fi"用户群体两组，分别构建移动社会网络服务用户持续使用意向模型技术背景调节模型，分析技术背景对用户持续使用意向调节模型的效用，具体数据如表6-22~表6-25所示。

表6-22　技术背景调节模型的卡方值表

模型	NPAR	CMIN（X^2）	DF	P	CMIN/DF
预设模型	214	3813.215	1268	0.000	3.007
技术背景对用户满意度与持续使用意向调节模型	213	3824.574	1269	0.000	3.014
技术背景对感知娱乐性与感知价值性调节模型	213	3814.75	1269	0.000	3.006
技术背景对感知价值性与持续使用意向调节模型	213	3814.964	1269	0.000	3.006
技术背景对服务质量与用户满意度调节模型	213	3813.645	1269	0.000	3.005
技术背景对社群认同与用户满意度调节模型	213	3813.244	1269	0.000	3.005
技术背景对产品质量与感知信任度调节模型	213	3813.224	1269	0.000	3.005
技术背景对社群影响与感知价值性调节模型	213	3813.477	1269	0.000	3.005
技术背景对感知互动性与用户满意度调节模型	213	3817.999	1269	0.000	3.009
技术背景对感知信任度与持续使用意向调节模型	213	3813.259	1269	0.000	3.005
技术背景对用户习惯与持续使用意向调节模型	213	3819.025	1269	0.000	3.009
饱和模型	1482	0	0		
独立模型	76	27351.123	1406	0.000	19.453

表6-23　技术背景调节模型的基准线比较指标参数表

模型	NFI Delta1	RFI Rho1	IFI Delta2	TLI Rho2	CFI
预设模型	0.823	0.816	0.859	0.842	0.858
技术背景对用户满意度与持续使用意向调节模型	0.821	0.814	0.859	0.843	0.858

续表

模型	NFI Delta1	RFI Rho1	IFI Delta2	TLI Rho2	CFI
技术背景对感知娱乐性与感知价值性调节模型	0.821	0.814	0.859	0.843	0.858
技术背景对感知价值性与持续使用意向调节模型	0.821	0.814	0.859	0.843	0.858
技术背景对服务质量与用户满意度调节模型	0.822	0.814	0.859	0.843	0.858
技术背景对社群认同与用户满意度调节模型	0.821	0.814	0.859	0.843	0.858
技术背景对产品质量与感知信任度调节模型	0.822	0.814	0.859	0.843	0.858
技术背景对社群影响与感知价值性调节模型	0.821	0.814	0.859	0.842	0.857
技术背景对感知互动性与用户满意度调节模型	0.821	0.814	0.859	0.842	0.858
技术背景对感知信任度与持续使用意向调节模型	0.822	0.814	0.859	0.843	0.858
技术背景对用户习惯与持续使用意向调节模型	0.822	0.814	0.859	0.842	0.858
饱和模型	1		1		1
独立模型	0	0	0	0	0

表6-24 技术背景调节模型的简约调整后的测量值

模型	PRATIO	PNFI	PCFI	PGFI
预设模型	0.902	0.742	0.774	0.569
技术背景对用户满意度与持续使用意向调节模型	0.903	0.741	0.774	0.570
技术背景对感知娱乐性与感知价值性调节模型	0.903	0.741	0.774	0.570
技术背景对感知价值性与持续使用意向调节模型	0.903	0.741	0.774	0.569
技术背景对服务质量与用户满意度调节模型	0.903	0.742	0.774	0.570
技术背景对社群认同与用户满意度调节模型	0.903	0.741	0.774	0.570
技术背景对产品质量与感知信任度调节模型	0.903	0.742	0.774	0.569
技术背景对社群影响与感知价值性调节模型	0.903	0.741	0.774	0.570
技术背景对感知互动性与用户满意度调节模型	0.903	0.741	0.774	0.569

续表

模型	PRATIO	PNFI	PCFI	PGFI
技术背景对感知信任度与持续使用意向调节模型	0.903	0.742	0.774	0.570
技术背景对用户习惯与持续使用意向调节模型	0.903	0.742	0.774	0.569
饱和模型	0	0	0	
独立模型	1	0.000	0.000	0.094

表 6-25　模型的渐进残差均方和算术平方根

模型	RMSEA	LO90	HI90	PCLOSE
预设模型	0.068	0.065	0.071	0
技术背景对用户满意度与持续使用意向调节模型	0.068	0.065	0.071	0
技术背景对感知娱乐性与感知价值性调节模型	0.068	0.065	0.071	0
技术背景对感知价值性与持续使用意向调节模型	0.068	0.065	0.071	0
技术背景对服务质量与用户满意度调节模型	0.068	0.065	0.071	0
技术背景对社群认同与用户满意度调节模型	0.068	0.065	0.071	0
技术背景对产品质量与感知信任度调节模型	0.068	0.065	0.071	0
技术背景对社群影响与感知价值性调节模型	0.068	0.065	0.071	0
技术背景对感知互动性与用户满意度调节模型	0.068	0.065	0.071	0
技术背景对感知信任度与持续使用意向调节模型	0.068	0.065	0.071	0
技术背景对用户习惯与持续使用意向调节模型	0.068	0.065	0.071	0
饱和模型	0.172	0.169	0.174	0

从上述数据看，CMIN/DF 的值大于 1 且小于 5，且该值接近于 3；NFI、RFI、IFI、TLI 及 CFI 的值均大于 0.8；PNFI、PCFI 及 PGFI 的取值均介于 0~1，其值大于 0.5，RMSEA 值介于 0.5~0.8。综上所述，本书认为调节模型的适配程度可以接受，且结构方程模型与调查数据拟合程度较好，可以用于检验模型中的相关假设。本书将样本数据按技术背景中"4G"和"Wi-Fi"的取值分成两组，进行理论模型验证，其中"4G"和"Wi-Fi"用户分组 MSNS 持续使用意向模型路径系数及模型 R^2 如表 6-26~表 6-29 所示。

表 6-26 "4G"用户分组 MSNS 持续使用意向结构方程模型的路径系数

影响路径	路径系数 Estimate	标准 Estimate	标准误 S.E.	临界比 C.R.	显著性 P
H1：用户满意度→持续使用意向	0.501	0.459	0.053	9.517	***
H2：感知信任度→持续使用意向	−0.240	−0.227	0.040	−6.063	***
H3：感知价值性→持续使用意向	0.040	0.038	0.043	0.913	0.361
H4：感知互动性→用户满意度	0.140	0.156	0.036	3.946	***
H5：社群认同→用户满意度	0.565	0.555	0.108	5.255	***
H6：服务质量→用户满意度	0.294	0.260	0.120	2.448	0.014
H7：产品质量→感知信任度	0.538	0.514	0.062	8.662	***
H8：感知娱乐性→感知价值性	0.544	0.567	0.063	8.573	***
H9：社群影响→感知价值性	0.261	0.243	0.063	4.129	***
H10：用户习惯→持续使用意向	0.699	0.595	0.069	10.076	***

注：*** 表示在 0.001 水平上显著。

表 6-27 "4G"用户分组 MSNS 持续使用模型 R² 值

潜在变量名称	Estimate
感知信任度	0.264
感知价值性	0.547
用户满意度	0.802
持续使用意向	0.818

表 6-28 "Wi-Fi"用户分组 MSNS 持续使用意向结构方程模型的路径系数

影响路径	路径系数 Estimate	标准 Estimate	标准误 S.E.	临界比 C.R.	显著性 P
H1：用户满意度→持续使用意向	0.182	0.158	0.061	2.976	0.003
H2：感知信任度→持续使用意向	−0.226	−0.197	0.044	−5.167	***
H3：感知价值性→持续使用意向	0.133	0.118	0.047	2.817	0.005
H4：感知互动性→用户满意度	0.246	0.276	0.030	8.095	***
H5：社群认同→用户满意度	0.537	0.581	0.073	7.388	***
H6：服务质量→用户满意度	0.173	0.180	0.074	2.351	0.019
H7：产品质量→感知信任度	0.529	0.518	0.059	8.983	***

续表

影响路径	路径系数 Estimate	标准 Estimate	标准误 S.E.	临界比 C.R.	显著性 P
H8：感知娱乐性→感知价值性	0.429	0.451	0.064	6.737	***
H9：社群影响→感知价值性	0.306	0.330	0.057	5.335	***
H10：用户习惯→持续使用意向	0.995	0.761	0.096	10.39	***

注：*** 表示在 0.001 水平上显著。

表 6-29　"Wi-Fi"用户分组 MSNS 持续使用模型 R^2 值

潜在变量名称	Estimate
感知信任度	0.275
感知价值性	0.535
用户满意度	0.853
持续使用意向	0.787

　　从表 6-26、表 6-28 可知，"4G"用户分组数据的假设 3 感知价值对持续使用意向正向影响不成立，初步表明假设 13c 不成立；从表 6-27、表 6-29 可知，"4G"和"Wi-Fi"用户分组的 MSNS 持续使用模型 R^2 值分别为 0.818 和 0.787，初步表明技术背景对 MSNS 用户持续使用意向理论模型具有调节作用。

　　因此，本书进一步将调节模型与默认理论模型进行对比，如果 ΔCMIN 数值明显大于 0，且显著水平 P 值小于 0.05，则表明调节模型显著区别理论模型，说明调节变量对默认理论模型有调节作用，具体数据如表 6-30 所示。

表 6-30　技术背景调节模型与理论模型参数对比表

模型	CMIN（X^2）	ΔCMIN	P
无约束预设模型	3813.215		
约束路径模型			
用户满意度对持续使用意向影响路径调节模型	3824.574	11.360	0.001

续表

模型	CMIN (X^2)	ΔCMIN	P
感知娱乐性对感知价值性影响路径调节模型	3814.75	1.535	0.215
感知价值性对持续使用意向影响路径调节模型	3814.964	1.749	0.186
服务质量对用户满意度影响路径调节模型	3813.645	0.431	0.512
社群认同对用户满意度影响路径调节模型	3813.244	0.030	0.863
产品质量对感知信任性影响路径调节模型	3813.224	0.009	0.923
社群影响对感知价值性影响路径调节模型	3813.477	0.262	0.608
感知互动性对用户满意度影响路径调节模型	3817.999	4.785	0.029
感知信任度对持续使用意向影响路径调节模型	3813.259	0.044	0.834
用户习惯对持续使用意向影响路径调节模型	3819.025	5.810	0.016

从表 6-30 数据看，感知互动性对用户满意度影响路径调节模型、用户满意度对持续用户意向影响路径调节模型及用户习惯对持续使用意向影响路径调节模型的 ΔCMIN 值大于 0，且显著水平 P 值小于 0.05，表明调节变量技术背景对感知互动性影响用户满意度路径、用户满意度影响持续使用意向路径及用户习惯影响持续使用意向路径有显著调节作用，即第三章（第二节）中假设 13a、13h 及 13j 成立。

三、地域背景对模型的调节分析

本书通过对调研问卷的生活区域选项进行分析。样本分割线选用"胡焕庸线"，"胡焕庸线"是胡焕庸 1935 年提出的划分我国人口密度对比性，是我国自黑龙江瑷珲至云南腾冲呈北东—南西走向延伸的人口密度分界线，其形成和发展与自然条件诸如地形、地貌、气候、水文等要素密切相关，更与社会、经济及人类活动相关。本书按照"胡焕庸线"将样本数据分成东南和西北两个区域，其中西北区域包括西藏、新疆、青海、甘肃、内蒙古及宁夏等区域，剩下的都划分为东南区域。

（一）地域背景对各个持续使用意向影响因素的方差分析

本书对地域背景选用"东南"或"西北"两个取值，并采用独立样本 t 检验方法进行方差分析，具体数据如表 6-31 所示。

表 6-31　地域背景对模型各影响因素的独立 t 检验结果表

影响因素	方差假设	Levene 检验		均值方程 t 检验		
		F	Sig.	t	df	Sig.（双侧）
感知价值性	假设方差相等	0.495	0.482	−2.651	312	0.008
	假设方差不相等			−2.534	102.879	0.013
感知娱乐性	假设方差相等	0.250	0.617	−0.0860	312	0.932
	假设方差不相等			−0.0850	107.322	0.933
感知互动性	假设方差相等	1.185	0.277	−2.353	312	0.019
	假设方差不相等			−2.356	109.467	0.020
感知信任度	假设方差相等	0.333	0.564	−2.239	312	0.026
	假设方差不相等			−2.200	106.649	0.030
用户习惯	假设方差相等	0.008	0.931	−1.926	312	0.055
	假设方差不相等			−1.924	109.093	0.057
产品质量	假设方差相等	0.688	0.408	−2.099	312	0.037
	假设方差不相等			−2.177	115.358	0.032
服务质量	假设方差相等	0.333	0.564	−1.762	312	0.079
	假设方差不相等			−1.819	114.567	0.071
社群认同	假设方差相等	0.174	0.677	−3.440	312	0.001
	假设方差不相等			−3.372	106.288	0.001
社群影响	假设方差相等	0.992	0.320	−3.417	312	0.001
	假设方差不相等			−3.243	101.976	0.002
用户满意度	假设方差相等	0.046	0.830	−3.418	312	0.001
	假设方差不相等			−3.366	106.992	0.001
持续使用意向	假设方差相等	0.002	0.964	−2.917	312	0.004
	假设方差不相等			−2.931	110.014	0.004

从表 6-31 的数据看，方差方程的各个 Levene 检验的显著水平 Sig. 大于 0.05，说明技术背景对上述影响因素的样本具有方差不相等的特点。在此情况下，需要检测均值方程 t 检验的显著性。如表 6-31 所示，地域背景对感知价值性、感知互动性、感知信任度、产品质量、社群认同、社群影响、用户满意度及持续使用意向等影响因素的显著水平 Sig.（双侧）小于 0.05，由此可知，地域背景对持续使用意向的部分影响因素有显著差异化影响，初步表明地域背景对本理论模型具有调节作用。

（二）地域背景调节模型调节分析

本书分别构建 MSNS 用户持续使用意向模型地域背景调节模型，分析地域背景对 MSNS 用户持续使用调节模型的效用，如表 6-32~表 6-35 所示。

表 6-32　地域背景调节模型的卡方值

模型	NPAR	CMIN (X^2)	DF	P	CMIN/DF
预设模型	214	3183.902	1268	0.000	2.511
地域背景对用户满意度与持续使用意向调节模型	213	3185.101	1269	0.000	2.510
地域背景对感知娱乐性与感知价值性调节模型	213	3185.224	1269	0.000	2.510
地域背景对感知价值性与持续使用意向调节模型	213	3184.497	1269	0.000	2.509
地域背景对服务质量与用户满意度调节模型	213	3183.93	1269	0.000	2.509
地域背景对社群认同与用户满意度调节模型	213	3184.155	1269	0.000	2.509
地域背景对产品质量与感知信任度调节模型	213	3184.991	1269	0.000	2.510
地域背景对社群影响与感知价值性调节模型	213	3190.800	1269	0.000	2.514
地域背景对感知互动性与用户满意度调节模型	213	3189.522	1269	0.000	2.513
地域背景对感知信任度与持续使用意向调节模型	213	3183.999	1269	0.000	2.509

续表

模型	NPAR	CMIN（X^2）	DF	P	CMIN/DF
地域背景对用户习惯与持续使用意向调节模型	213	3189.055	1269	0.000	2.513
饱和模型	1482	0	0		
独立模型	76	14891.148	1406	0.000	10.591

表 6-33　地域背景调节模型的基准线比较指标参数

模型	NFI Delta1	RFI Rho1	IFI Delta2	TLI Rho2	CFI
预设模型	0.826	0.810	0.859	0.842	0.858
地域背景对用户满意度与持续使用意向调节模型	0.824	0.808	0.859	0.843	0.858
地域背景对感知娱乐性与感知价值性调节模型	0.824	0.808	0.859	0.843	0.858
地域背景对感知价值性与持续使用意向调节模型	0.824	0.808	0.859	0.843	0.858
地域背景对服务质量与用户满意度调节模型	0.824	0.808	0.859	0.843	0.858
地域背景对社群认同与用户满意度调节模型	0.824	0.808	0.859	0.843	0.858
地域背景对产品质量与感知信任度调节模型	0.824	0.808	0.859	0.843	0.858
地域背景对社群影响与感知价值性调节模型	0.824	0.808	0.859	0.842	0.857
地域背景对感知互动性与用户满意度调节模型	0.824	0.808	0.859	0.842	0.858
地域背景对感知信任度与持续使用意向调节模型	0.824	0.808	0.859	0.843	0.858
地域背景对用户习惯与持续使用意向调节模型	0.824	0.808	0.859	0.842	0.858
饱和模型	1		1		1
独立模型	0	0	0	0	0

表 6-34　地域背景调节模型的简约调整后的测量值

模型	PRATIO	PNFI	PCFI	PGFI
预设模型	0.902	0.745	0.774	0.569
地域背景对用户满意度与持续使用意向调节模型	0.903	0.744	0.774	0.570
地域背景对感知娱乐性与感知价值性调节模型	0.903	0.744	0.774	0.570
地域背景对感知价值性与持续使用意向调节模型	0.903	0.744	0.774	0.569
地域背景对服务质量与用户满意度调节模型	0.903	0.744	0.774	0.570
地域背景对社群认同与用户满意度调节模型	0.903	0.744	0.774	0.570
地域背景对产品质量与感知信任度调节模型	0.903	0.744	0.774	0.569
地域背景对社群影响与感知价值性调节模型	0.903	0.744	0.774	0.570
地域背景对感知互动性与用户满意度调节模型	0.903	0.744	0.774	0.569
地域背景对感知信任度与持续使用意向调节模型	0.903	0.744	0.774	0.570
地域背景对用户习惯与持续使用意向调节模型	0.903	0.744	0.774	0.569
饱和模型	0	0	0	
独立模型	1	0	0	0.084

表 6-35　模型的渐进残差均方和算术平方根

模型	RMSEA	LO90	HI90	PCLOSE
预设模型	0.068	0.065	0.071	0
地域背景对用户满意度与持续使用意向调节模型	0.068	0.065	0.071	0
地域背景对感知娱乐性与感知价值性调节模型	0.068	0.065	0.071	0
地域背景对感知价值性与持续使用意向调节模型	0.068	0.065	0.071	0
地域背景对服务质量与用户满意度调节模型	0.068	0.065	0.071	0
地域背景对社群认同与用户满意度调节模型	0.068	0.065	0.071	0
地域背景对产品质量与感知信任度调节模型	0.068	0.065	0.071	0
地域背景对社群影响与感知价值性调节模型	0.068	0.065	0.071	0
地域背景对感知互动性与用户满意度调节模型	0.068	0.065	0.071	0
地域背景对感知信任度与持续使用意向调节模型	0.068	0.065	0.071	0
地域背景对用户习惯与持续使用意向调节模型	0.068	0.065	0.071	0
饱和模型	0.172	0.169	0.174	0

从上述数据看，CMIN/DF 的值大于 1 而小于 3；NFI、RFI、IFI、TLI 及 CFI 的值均大于 0.8；PNFI、PCFI 及 PGFI 的取值均介于 0~1，其值大于 0.5；RMSEA 值介于 0.5~0.8。综上所述，本研究认为调节模型的适配程度可以接受，结构方程模型与调查数据拟合程度较好，可用于检验模型中的相关假设。

本书将样本数据按地域背景中的"东南"和"西北"值分成两组，进行理论模型验证，其中"东南"和"西北"用户分组 MSNS 持续使用意向模型路径系数及模型 R^2 如表 6-36~表 6-39 所示。

表 6-36 "东南"用户分组 MSNS 持续使用意向结构方程模型的路径系数

影响路径	路径系数 Estimate	标准 Estimate	标准误 S.E.	临界比 C.R.	显著性 P
H1：用户满意度→持续使用意向	0.540	0.510	0.060	9.049	***
H2：感知信任度→持续使用意向	−0.223	−0.215	0.048	−4.668	***
H3：感知价值性→持续使用意向	0.111	0.105	0.053	2.080	0.037
H4：感知互动性→用户满意度	0.113	0.124	0.044	2.558	0.011
H5：社群认同→用户满意度	0.415	0.394	0.108	3.832	***
H6：服务质量→用户满意度	0.517	0.442	0.13	3.982	***
H7：产品质量→感知信任度	0.553	0.521	0.077	7.172	***
H8：感知娱乐性→感知价值性	0.627	0.640	0.082	7.643	***
H9：社群影响→感知价值性	0.126	0.128	0.070	1.792	0.073
H10：用户习惯→持续使用意向	0.546	0.482	0.075	7.288	***

注：*** 表示在 0.001 水平上显著。

表 6-37 "东南"用户分组 MSNS 持续使用模型 R^2 值

潜在变量名称	Estimate
感知信任度	0.271
感知价值性	0.525
用户满意度	0.782
持续使用意向	0.779

表 6-38　"西北"用户分组 MSNS 持续使用意向结构方程模型的路径系数

影响路径	路径系数 Estimate	标准 Estimate	标准误 S.E.	临界比 C.R.	显著性 P
H1：用户满意度→持续使用意向	0.402	0.371	0.096	4.174	***
H2：感知信任度→持续使用意向	−0.257	−0.178	0.088	−2.924	0.003
H3：感知价值性→持续使用意向	0.034	0.031	0.074	0.462	0.644
H4：感知互动性→用户满意度	0.344	0.344	0.084	4.105	***
H5：社群认同→用户满意度	0.292	0.244	0.182	1.601	0.109
H6：服务质量→用户满意度	0.479	0.430	0.144	3.332	***
H7：产品质量→感知信任度	0.431	0.556	0.082	5.257	***
H8：感知娱乐性→感知价值性	0.400	0.319	0.151	2.651	0.008
H9：社群影响→感知价值性	0.491	0.488	0.118	4.180	***
H10：用户习惯→持续使用意向	0.915	0.667	0.153	5.985	***

注：*** 表示在 0.001 水平上显著。

表 6-39　"西北"用户分组 MSNS 持续使用模型 R^2 值

潜在变量名称	Estimate
感知信任度	0.309
感知价值性	0.550
用户满意度	0.853
持续使用意向	0.853

从表 6-36、表 6-38 可知，"东南"用户分组数据的假设 9 社群影响对感知价值性正向影响不成立，初步表明假设 14e 不成立；"西北"用户分组数据的假设 3 感知价值性对持续使用意向正向影响不成立及假设 5 社群认同对用户满意度正向影响不成立，初步表明假设 14c 及假设 14h 不成立；从表 6-37、表 6-39 可知，"东南"和"西北"用户分组的 MSNS 持续使用模型 R^2 值分别为 0.779 和 0.853，初步表明地域背景对 MSNS 用户持续使用意向理论模型具有调节作用。

因此，本书将调节模型与默认理论模型进行对比，如果 ΔCMIN 数值明显大于 0，且显著水平 P 值小于 0.05，则表明调节模型显著区别理论模型，说明调节变量对默认理论模型有调节作用，具体数据如表 6-40 所示。

表 6-40　地域背景调节模型与理论模型参数对比

	CMIN（X²）	ΔCMIN	P
无约束预设模型	3183.902		
约束路径模型			
用户满意度对持续使用意向影响路径调节模型	3185.101	1.199	0.274
感知娱乐性对感知价值性影响路径调节模型	3185.224	1.322	0.25
感知价值性对持续使用意向影响路径调节模型	3184.497	0.595	0.441
服务质量对用户满意度影响路径调节模型	3183.93	0.028	0.867
社群认同对用户满意度影响路径调节模型	3184.155	0.253	0.615
产品质量对感知信任性影响路径调节模型	3184.991	1.089	0.297
社群影响对感知价值性影响路径调节模型	3190.800	6.898	0.009
感知互动性对用户满意度影响路径调节模型	3189.522	5.62	0.018
感知信任度对持续使用意向影响路径调节模型	3183.999	0.097	0.756
用户习惯对持续使用意向影响路径调节模型	3189.055	5.153	0.023

如表 6-40 所示，社群影响对感知价值性影响路径调节模型、感知互动性对用户满意度影响路径调节模型及用户习惯对持续使用意向影响路径调节模型的 ΔCMIN 值大于 0，且显著水平 P 值小于 0.05。由于社群影响对感知价值性影响路径在上述分组模型验证中不支持，表明地域背景对其没有调节作用。因此，调节变量地域背景对感知互动性影响用户满意度路径及用户习惯影响持续使用意向路径有显著调节作用，即第三章（第二节）中假设 14h 及假设 14j 成立。

第三节　用户持续使用意向模型的假设验证

一、模型的假设验证结果

（一）感知类影响因素的理论假设验证

如前文所示，本书模型所提出的假设均为正向影响，因此当假设标准化路径系数 $\beta \in [0.1, 1)$，且显著水平 P<0.05，则表示该假设被验证。

H1：用户满意度对用户持续使用意向有正向影响。其标准化路径系数 β=0.293，显著性水平 P<0.001，因此 H1 被验证。

H2：感知信任度对用户持续使用意向有正向影响。其标准化路径系数 β=−0.256，显著性水平 P<0.001，表明感知信任度对移动社会网络服务用户持续使用意向有反向影响，因此 H2 不被验证。

H3：感知价值性对用户持续使用意向有正向影响。其标准化路径系数 β=0.111，显著性水平 P<0.001，因此 H3 被验证。

H4：感知互动性对用户满意度有正向影响。其标准化路径系数 β=0.174，显著性水平 P<0.001，因此 H4 被验证。

H5：社群认同对用户满意度有正向影响。其标准化路径系数 β=0.657，显著性水平 P<0.001，因此 H5 被验证。

H6：服务质量对用户满意度有正向影响。其标准化路径系数 β=0.175，显著性水平 P<0.001，因此 H6 被验证。

H7：产品质量对感知信任度有正向影响。其标准化路径系数 β=0.463，显著性水平 P<0.001，因此 H7 被验证。

H8：感知娱乐性对感知价值性有正向影响。其标准化路径系数 β = 0.424，显著性水平 P<0.001，因此 H8 被验证。

H9：社群影响对感知价值性有正向影响。其标准化路径系数 β = 0.328，显著性水平 P<0.001，因此 H9 被验证。

H10：用户习惯对用户持续使用意向有正向影响。其标准化路径系数 β=0.657，显著性水平 P<0.001，因此 H10 被验证。

（二）非感知类的控制变量假设验证

如前文所示，当检验值 F 大于 0，且显著水平 P<0.05，则表明控制变量对用户持续使用意向有显著差异化影响。

H11a：控制变量用户属性中年龄层次对用户持续使用意向有显著差异性影响。通过单因素方差分析得出整体检验的 F 值为 6.309，大于 0，显著水平 P 值为 0.000，小于 0.05，因此 H11a 被验证。

H11b：控制变量用户属性中学历层次对用户持续使用意向有显著差异性影响。通过单因素方差分析得出整体检验的 F 值为 4.790，大于 0，显著水平 P 值为 0.001，小于 0.05，因此 H11b 被验证。

H11c：控制变量用户属性中收入层次对用户持续使用意向有显著差异性影响。通过单因素方差分析得出整体检验的 F 值为 6.043，大于 0，显著水平 P 值为 0.000，小于 0.05，因此 H11a 被验证。

（三）调节变量的假设验证

1. 用户性别调节变量的假设验证

如前文所示，需要检验分组模型的理论假设是否被验证，分组模型所提出的假设均为正向影响，因此当假设标准化路径系数 $\beta \in [0.1,\ 1)$，且显著水平 P<0.001，则表示该分组模型的各理论假设被验证。进一步进行多群组结构方程模型分析，将调节模型与假设理论模型的参数对比，若 $\Delta CMIN>0$，且显著水平 P<0.05，则表示调节变量对理论模型有调节作

用，详见表6-20。

H12a：用户性别对H1路径（用户满意度对持续使用意向的影响）有调节作用；

H12j：用户性别对H10路径（用户习惯对持续使用意向的影响）有调节作用。

通过多群组结构方程模型分析用户性别调节模型与理论模型对比ΔCMIN的值分别为7.018和4.808，大于0，且显著水平P值分别为0.008和0.028，小于0.05，因此H12a和H12j被实证数据所支持。

H12b：用户性别对H8路径（感知娱乐性对感知价值性的影响）有调节作用；

H12c：用户性别对H3路径（感知价值性对持续使用意向的影响）有调节作用；

H12d：用户性别对H6路径（服务质量对用户满意度的影响）有调节作用；

H12e：用户性别对H5路径（社群认同对用户满意度的影响）有调节作用；

H12f：用户性别对H7路径（产品质量对感知信任度的影响）有调节作用；

H12g：用户性别对H9路径（社群影响对感知价值性的影响）有调节作用；

H12h：用户性别对H4路径（感知互动性对用户满意度的影响）有调节作用；

H12i：用户性别对H2路径（感知信任度对持续使用意向影响）有调节作用。

通过多群组结构方程模型分析用户性别调节模型与理论模型对比

ΔCMIN 的值均大于 0，由于显著水平 P 值均大于 0.05，因此 H12b、H12c、H12d、H12e、H12f、H12g、H12h、H12i 均未被实证数据支持。

2. 技术背景调节变量的假设验证

如前文所示，需要检验分组模型的理论假设是否被验证，分组模型所提出的假设均为正向影响，因此当假设标准化路径系数 β ∈ [0.1，1)，且显著水平 P<0.05，则表示该分组模型的各理论假设被验证。进一步进行多群组结构方程模型分析，将调节模型与假设理论模型的参数对比，若 ΔCMIN>0，且显著水平 P<0.05，则表示调节变量对理论模型有调节作用，详见表 6-30。

H13a：技术背景对 H1 路径（用户满意度对持续使用意向的影响）有调节作用；

H13h：技术背景对 H4 路径（感知互动性对用户满意度的影响）有调节作用；

H13j：技术背景对 H10 路径（用户习惯对持续使用意向的影响）有调节作用。

通过多群组结构方程模型分析技术背景调节模型与理论模型对比 ΔCMIN 的值分别为 11.360、4.785、5.810，大于 0，且显著水平 P 值分别为 0.001、0.029、0.016，小于 0.05，因此 H13a、H13h、H13j 被实证数据所支持。

H13b：技术背景对 H8 路径（感知娱乐性对感知价值性的影响）有调节作用；

H13c：技术背景对 H3 路径（感知价值性对持续使用意向影响）有调节作用；

H13d：技术背景对 H6 路径（服务质量对用户满意度的影响）有调节作用；

H13e：技术背景对 H5 路径（社群认同对用户满意度的影响）有调节作用；

H13f：技术背景对 H7 路径（产品质量对感知信任度的影响）有调节作用；

H13g：技术背景对 H9 路径（社群影响对感知价值性的影响）有调节作用；

H13i：技术背景对 H2 路径（感知信任度对持续使用意向影响）有调节作用。

通过多群组结构方程模型分析技术背景调节模型与理论模型对比 ΔCMIN 的值均大于 0，由于显著水平 P 值均大于 0.05，因此 H13b、H13c、H13d、H13e、H13f、H13g、H13i 均未被实证数据支持。

3. 地域背景调节变量的假设验证

如前文所示，判断需要检验分组模型的理论假设是否被验证。地域背景分组模型所提出的假设均为正向影响，因此当假设标准化路径系数 β ∈ [0.1，1）且显著水平 P<0.05，则表示该分组模型的各理论假设均被验证。进一步进行多群组结构方程模型分析，将调节模型与假设理论模型的参数对比，若 ΔCMIN>0，且显著水平 P<0.05，则表示调节变量对理论模型有调节作用，详见表 6-40。

H14h：地域背景对 H4 路径（感知互动性对用户满意度的影响）有调节作用；

H14j：地域背景对 H10 路径（用户习惯对持续使用意向的影响）有调节作用；

通过多群组结构方程模型分析地域背景调节模型与理论模型对比 ΔCMIN 的值分别为 5.620 和 5.153，大于 0，且显著水平 P 值分别为 0.018 和 0.023，小于 0.05，因此 H14h 和 H14j 被实证数据所支持。

H14g：地域背景对 H9 路径（社群影响与 MSNS 的用户感知价值性影响）有调节作用；

通过多群组结构方程模型分析地域背景调节模型与理论模型对比 ΔCMIN 的值为 6.898，大于 0，且显著水平 P 值为 0.009，小于 0.05；然而在"东南"区域样本分组模型中，社群影响对 MSNS 的用户感知价值性影响路径标准化路径系数 β=0.128，显著性水平 P=0.073，大于 0.05，因此，该路径在东南区域样本分组模型中不被支持，从而，H14g 未被实证数据支持。

H14a：地域背景对 H1 路径（用户满意度与持续使用意向影响）有调节作用；

H14b：地域背景对 H8 路径（感知娱乐性与用户感知价值影响）有调节作用；

H14c：地域背景对 H3 路径（感知价值性与持续使用意向影响）有调节作用；

H14d：地域背景对 H6 路径（服务质量与用户满意度影响）有调节作用；

H14e：地域背景对 H5 路径（社群认同与用户满意度影响）有调节作用；

H14f：地域背景对 H7 路径（产品质量与用户感知信任度影响）有调节作用；

H14i：地域背景对 H2 路径（感知信任度对持续使用意向影响）有调节作用；

通过多群组结构方程模型分析地域背景调节模型与理论模型对比 ΔCMIN 的值均大于 0，由于显著水平 P 值均大于 0.05，因此 H14a、H14b、H14c、H14d、H14e、H14f、H14i 均未被实证数据支持。

二、模型的假设讨论分析

（一）用户习惯对持续使用意向影响讨论

用户习惯对移动社会网络服务 MSNS 持续使用意向有显著正向影响，且影响度最大。用户习惯与持续使用意向的 Pearson 相关系数为 0.706，说明用户习惯与用户持续使用意向已经达到强相关水平。从表 6-2 可以看出，用户习惯对 MSNS 的用户持续使用意向的路径系数为 0.840，且显著水平 P<0.05。这与 Limayem 等（2003）基于信息系统持续使用情境下用户习惯对持续使用行为的影响（β=0.320）、张培（2017）基于学术数据库检索的持续使用情境下用户习惯对持续使用意向的影响（β=0.324），Hsiao 等（2016）基于移动社交 APP 的持续使用情境下用户习惯对持续使用意向的影响（β=0.170），Huang 等（2013）基于数据挖掘工具持续使用情境下用户习惯对持续使用意向的影响（β=0.243），陈明红等（2016）基于移动图书馆使用情境下用户习惯对持续使用意向的影响（β=0.442）的研究结论一致。

从影响路径系数来看，用户习惯是影响用户持续使用意向的最大因素，与陈明红等（2016）的研究结论一致，并与中国互联网络信息中心提供的统计数据相符。

（二）用户满意度对持续使用意向影响讨论

用户满意度对 MSNS 的持续使用意向具有显著正向作用。用户满意度与持续使用意向的 Pearson 相关系数为 0.622，说明用户满意度与用户持续使用意向已经达到强相关水平。从表 6-2 可以看出，用户满意度对 MSNS 的用户持续使用意向的路径系数为 0.333，且显著水平 P<0.05。这与 Bhattacherjee（2001）基于电子银行系统持续使用情境下用户满意度正向影响用户的持续使用意向（β=0.567）、黎斌（2012）基于微博用户的

持续使用情境下用户满意度正向影响微博用户持续使用意向（β=0.599），Chiu 等（2005）基于网络学习系统持续使用情境下用户满意度正向影响用户使用意向（β=0.850），赵玲（2011）基于虚拟社群持续使用情境下用户满意度正向影响用户持续使用意向（β=0.629）、张洪（2014）基于团购网站持续使用情境下用户满意度正向影响用户持续使用意向（β=0.278）、叶凤云（2016）基于移动阅读持续使用情境下用户满意度正向影响用户持续使用意向（β=0.326）的研究结论一致。

Bhattacherjee（2001）、黎斌（2012）、Chiu 等（2005）、赵玲（2011）等研究认为用户满意度是影响用户持续使用意向的最大因素，而这与本书的结论有差异。主要是因为当前移动社会网络服务发展迅速，在互动功能设计、服务用户和社群组织等方面均已经比较成熟，用户持续使用意向主要被用户习惯性所影响。

（三）感知价值性对持续使用意向影响讨论

感知价值性对 MSNS 的持续使用意向具有显著正向影响。感知价值性与持续使用意向的 Pearson 相关系数为 0.547，说明感知价值性与用户持续使用意向之间的相关程度已经达到中等相关水平。从表 6-2 可以看出，感知价值性对 MSNS 的用户持续使用意向的路径系数为 0.122，且显著水平 P<0.05。这与 Wang 等（2010）基于移动酒店预订系统持续使用情境下感知价值性对用户持续使用意向有正向影响（β=0.645），周毅等（2010）基于移动数据业务持续使用情境下感知价值性对用户持续使用意向正向影响（β=0.870），吴朝彦、黄磊（2015）基于移动社交媒体持续使用情境下感知价值性对零售企业持续使用的意向正向影响（β=0.713），龚主杰等（2013）基于移动社会网络服务持续使用情境下感知价值性对用户持续使用意向正向影响（β=0.296），Wang 和 Du（2014）基于移动社交网站持续使用情境下感知价值性对用户持续使用意向正向影响（β=0.147）

等结论一致。

Wang 等（2010）、周毅等（2010）、吴朝彦（2015）等研究认为，感知价值性是影响用户持续使用意向的最重要因素，然而在本结论中，感知价值性对持续使用意向的影响性相对偏低，究其原因是因为，随着移动互联网技术发展，用户使用 MSNS 越便利，从而花费的时间和资金成本越低；用户学历层次越高，用户使用 MSNS 的能力越强，降低用户花在使用 MSNS 上的精力成本；随着用户收入层次水平提升，用户花在使用 MSNS 的金钱投入意愿越强；综上所述，从时间、金钱和精力等维度的测量结果表明，感知价值性对用户持续使用意向的影响降低。

（四）感知信任度对持续使用意向影响讨论

感知信任度对移动社会网络服务用户持续使用意向有反向影响。感知信任度与持续使用意向的 Pearson 相关系数为 0.338，说明感知信任度与用户持续使用意向相关程度处于弱相关水平。从表 6-2 可以看出，感知信任度对用户持续使用意向的路径系数为-0.272，且显著水平 P<0.05，表明感知信任对用户持续使用意向具有反向影响。这与 Pavlou（2003）基于电子商务重复购买情境下感知信任度与网上购物意向呈正相关关系（β=0.180），Tung 等（2008）基于信息系统用户持续使用情境下感知信任度正向影响用户持续使用行为意向（β=0.250），周涛等（2009）基于移动支付持续使用情境下感知信任度对用户持续使用意向有正向影响（β=0.225）的结论相反。

通过对调研样本感知信任度数据分析，发现 4 个观测项的数据均值分别为 3.49、3.90、3.79、3.95，表明调研用户对 MSNS 的信任度偏低；从观测项的问题看，用户对 MSNS 的隐私保护程度、信守承诺程度、信息真实程度、保护用户利益等方面有怀疑；同时，存在有些被调研用户混淆感知风险与感知信任度两者之间的概念，因此，尽管用户对 MSNS 表示怀疑，由于用户习惯、感知价值性、用户满意度等影响因素，用户仍然会持续使用 MSNS。

（五）用户满意度受社群认同、服务质量及感知互动性等正向影响

用户满意度与社群认同、服务质量及感知互动性的 Pearson 相关系数分别为 0.811、0.755 及 0.529，说明用户满意度与其影响因素之间存在中等强度及以上相关性，可初步认为用户满意度受上述影响因素的正向影响。实证数据表明，社群认同、服务质量及感知互动性等影响因素对用户满意度有正向影响，其影响路径系数分别为 0.657、0.175 及 0.174，且显著水平 P<0.05。社群认同对用户满意度的正向影响性最强，路径影响系数高达 0.657，进一步说明虚拟社区感是 MSNS 最大的特征之一。用户满意度被社区认同、服务质量及感知互动性等影响因素的解释程度达到 0.872。

（六）感知信任度受产品质量正向影响

感知信任度与产品质量的 Pearson 相关系数为 0.384，表明产品质量与感知信任度具有相关性。实证数据表明，产品质量对用户感知信任度有正向影响，其影响系数为 0.463，显著水平 P<0.05，感知信任度被产品质量的解释程度达 0.215。

（七）感知价值性受社群影响、感知娱乐性正向影响

社群影响、感知娱乐性与感知价值性的 Pearson 相关系数值为 0.500和 0.569，表明社群影响、感知娱乐性对感知价值性具有中等强度的相关性。实证数据表明，社群影响、感知娱乐性对感知价值性有正向相关影响，其影响路径系数分别为 0.328 和 0.424，且显著水平 P<0.05。感知价值性被社群影响、感知娱乐性的解释程度为 0.448。

（八）移动社会网络服务 MSNS 控制变量对用户持续使用意向的影响具有较大差异

1. 用户年龄层次对用户持续使用意向有显著差异

如表 5-22 所示，通过单因素方差分析发现年龄层次在"30~39 岁"的用户群体在持续使用意向感知显著高于"20~29 岁"的用户群体；从现有年龄层次划分来看，MSNS 用户群体主要集中在 20~39 岁的群体，即 90 后和 80 后是当前 MSNS 的主力军。从 MSNS 需求来看，介于 20~25 岁 MSNS 用户的需求主要以校园社会网络服务为主，并随着年龄的逐渐增长，介于 25~29 岁的用户需求从校园社交网络服务转为对陌生人社会网络服务类；而介于 30~39 岁的用户需求主要是母婴、婚恋及商务类社会网络服务，他们不但有解决社交表达情绪需求，还有社交功能性需求，同时更加看重使用 MSNS 后的结果。

2. 用户学历层次对用户持续使用意向有显著差异

如表 5-25 所示，通过单因素方差分析发现，用户学历层次为"研究生及以上"的用户群体在持续使用意向感知方面显著高于"专科"的用户群体；这一方面表示我国高等教育改革进步，高等教育学历人才越来越多；另一方面说明高等学历的用户已经成为 MSNS 的主力军。

3. 用户收入层次对用户持续使用意向有显著差异

如表 5-28 所示，通过单因素方差分析数据表明，用户收入层次为"无收入"的用户群体在持续使用意向感知方面显著低于"8000~15000 元"的用户群体，而收入层次为"3000 元以下"的用户群体在持续使用意向感知方面显著低于"8000~15000 元"和"15000 元以上"的用户群体；表明低收入人群在持续使用意向感知方面显著低于高收入人群。

（九）用户性别、地域背景及技术背景对移动社会网络服务用户持续使用意向的理论模型具有调节作用

1. 用户性别分别对 MSNS 持续使用意向模型中用户满意度影响持续使用意向路径、用户习惯影响持续使用意向路径有显著调节作用

实证数据表明，在男性分组数据模型中，用户满意度影响持续使用意向的路径系数和用户习惯影响持续使用意向路径系数分别为 0.475、0.524；而女性分组数据模型中，这些数据分别为 0.174、0.786。《2017 中国移动社交用户洞察报告》显示，男性用户对商务、匿名、婚恋及陌生人等 MSNS 的兴趣较大，注重 MSNS 的功能和使用需求，更加关注用户满意度的影响；女性用户则根据其所处年龄层次不同，偏爱不同类别的 MSNS，如孕期的女性主要偏好孕期、母婴社区类 MSNS，人均使用时长高达每日 2.5 小时左右，更容易养成用户使用习惯。

2. 技术背景分别对 MSNS 用户持续使用意向模型中的感知互动性影响用户满意度路径、用户满意度影响持续使用意向路径及用户习惯影响持续使用意向路径有显著调节作用

实证数据表明，在"4G"分组数据模型中，感知互动性影响用户满意度、用户满意度影响持续使用意向和用户习惯影响持续使用意向的路径系数分别为 0.156、0.459 和 0.595；而在"Wi-Fi"分组数据模型中，相应路径系数值分别为 0.276、0.158 和 0.761。使用 MSNS 是一种让用户能较为方便获得休闲和愉悦的行为，选择"4G"上网模式的用户说明其对移动性要求较高，其经常使用的场景可能是"旅行途中""乘坐交通工具时"或者"排队或等人"等；其使用 MSNS 以文本类互动形式为主，对 MSNS 信息传输和响应效率要求较高，对用户满意度的要求相对较高；而选择"Wi-Fi"上网模式的用户更多以"在家休息时""睡前"等应用情境为主，其使用 MSNS 的场所相对较为固定，容易开展以视频、语音及直

播等互动形式，对互动性有更高要求；另外，使用"Wi-Fi"上网模式的用户考虑如何降低使用移动互联网成本，并愿意为此付出一定的代价，如入住酒店使用免费 Wi-Fi 时需要提供住宿信息或者个人信息，有时候由于 Wi-Fi 接入人太多从而导致接入速度以及稳定性上表现不理想等，这些都会降低"Wi-Fi"上网模式用户的满意度；用户一般会对常用 Wi-Fi 设置保存密码，方便其下次到达该场景时候能够快捷地接入移动互联网，更容易养成使用 MSNS 的习惯。

3. 地域背景对移动社会网络服务用户持续使用意向模型感知互动性影响用户满意度路径及用户习惯影响持续使用意向路径有显著调节作用

实证数据表明，在"东南"分组数据模型中，感知互动性影响用户满意度的路径系数和用户习惯影响持续使用意向的路径系数分别为 0.124、0.482；而在"西北"分组数据模型中对应的数据为 0.344 和 0.667。

根据"胡焕庸线"将样本数据划分成"东南"和"西北"两个区域。"东南"区域处于经济发达区域，用户使用各类 MSNS 的渗透率较高，使用移动互联网接入基础设备较好；"西北"区域经济发展水平相对落后、地广人稀，用户使用各类 MSNS 的渗透率较低，更注重使用 MSNS 来实现人与人之间沟通；因此"西北"区域用户的感知互动性影响用户满意度影响路径系数要高于"东南"区域用户；另外，"东南"区域经济发展水平高，相应人员工作压力相对较大，工作强度高，工作时间紧凑；"西北"区域经济发展水平相对落后，大部分用户工作压力相对较小，由自己控制的时间较多，更容易养成使用 MSNS 习惯。

第四节 本章小结

本章使用 AMOS 软件对回收的问卷数据和理论模型进行分析，验证第三章提出的理论假设。数据结果表明，MSNS 用户持续使用意向理论模型的假设大部分已经被证明。实证研究发现，感知信任度反向影响用户持续使用意向，与本书所提出的假设不相符。此外，本章验证了用户性别、地域背景及技术背景等调节变量对 MSNS 用户持续使用意向模型的调节作用。其中，用户性别对用户满意度影响持续使用意向以及用户习惯影响持续使用意向的两条路径有调节作用；技术背景对用户满意度影响持续使用意向、感知互动性影响用户满意度及用户习惯影响持续使用意向的三条路径有调节作用；地域背景对感知互动性影响用户满意度以及用户习惯影响持续使用意向的两条路径有调节作用。

第七章　研究结论与展望

第一节　主要研究结论

随着移动互联网技术的快速发展，网络信息的传播和互动娱乐变得更加快捷，移动社会网络服务已然成为网络信息和网络互动娱乐最重要的渠道之一。因此，开展移动社会网络服务用户持续使用意向影响因素研究显得非常重要。

通过梳理现有研究成果，与行业领域专家学者的交流，从用户、产品、社会及环境四个维度构建四维度 MSNS 用户持续使用意向的理论模型，并设计理论模型的影响因素测量量表及调研问卷，通过线上和线下方式发放及采集问卷数据，利用 SPSS 软件对回收问卷数据进行信度和效度检验，使用 AMOS 软件对理论模型及研究假设进行验证，得到如下的结论。

（1）MSNS 持续使用意向的理论研究基础较为丰富，从用户、产品、社会及环境四个维度研究影响 MSNS 用户持续使用意向的因素，主要包括感知娱乐性、感知互动性、产品质量、社群认同、服务质量、社群影响、用户习惯、感知信任度、感知价值性、用户满意度等 10 个感知的影响因素。

（2）移动社会网络服务用户持续使用意向受用户满意度、感知价值性、用户习惯及感知信任度的影响，持续使用意向与其影响因素之间相关性较强。其中，用户习惯对用户持续使用意向的影响最大，感知信任度对用户持续使用意向具有反向影响，说明尽管当前用户对移动社会网络服务 MSNS 的信任不足，依然会因为用户习惯、用户满意度、感知价值性等因素来持续使用 MSNS。

（3）用户满意度受社群认同、服务质量及感知互动性等正向影响，用户满意度被社群认同、服务质量及感知互动等影响因素的解释程度高达87.2%。社群认同对用户满意度的正向影响性最强，说明虚拟社区感是MSNS 最大的特征之一。

（4）感知信任度受产品质量正向影响。随着移动社会网络服务 MSNS产品质量的不断提升，用户对 MSNS 的产品的信任程度越强。

（5）感知价值性受社群影响、感知娱乐性正向影响，其被社群影响、感知娱乐性的解释程度为 0.448，说明移动社会网络服务的感知价值性主要受社会性价值和娱乐性价值两大部分影响，与移动社会网络服务的虚拟社区感和娱乐性特征相符。

（6）用户属性的年龄层次、学历层次、收入层次等控制变量对移动社会网络服务用户持续使用意向的显著差异化影响。不同年龄层次用户的MSNS 需求不一，对 MSNS 使用后的期望也不同；随着 MSNS 用户的学历层次不断提升，其越容易养成 MSNS 使用习惯；高收入用户对 MSNS 用户持续使用意向的影响高于低收入用户。

（7）用户性别对移动社会网络服务 MSNS 持续使用意向模型中用户满意度影响持续使用意向路径及用户习惯影响持续使用意向路径均有显著调节作用。男性用户对商务、匿名、婚恋及陌生人等 MSNS 兴趣较大，注重 MSNS 的功能和使用需求，更为关注用户满意度；女性用户会深入使用某一特定的 MSNS，更容易养成使用 MSNS 习惯。

（8）技术背景对 MSNS 用户持续使用意向模型感知互动性影响用户满意度路径、用户满意度影响持续使用意向路径及用户习惯影响持续使用意向路径有调节作用。"4G"分组用户对移动性要求较高，在 MSNS 开展以文本类为主的互动，对 MSNS 效率要求高，更关注用户满意度体验；"Wi-Fi"分组用户使用移动互联网的场所相对固定，易于开展视频、语音及直播等多样化互动，更为关注感知互动性；"Wi-Fi"分组用户面临信息泄露风险，同时所接入的网络由于多人共享可能在移动互联网接入速度以及稳定性方面表现不佳，对用户满意度的要求较低；"Wi-Fi"分组用户为方便快捷地接入移动互联网，一般会保存常用 Wi-Fi 连接，从而容易养成使用 MSNS 的习惯。

（9）地域背景对 MSNS 用户持续使用意向模型感知互动性影响用户满意度路径及用户习惯影响持续使用意向路径有调节作用。根据"胡焕庸线"将样本数据分为"东南"和"西北"两大区域，其中"西北"区域经济发展水平相对落后、地广人稀，"西北"分组用户更注重 MSNS 互动功能，因此"西北"区域用户在感知互动性影响用户满意度路径系数要高于"东南"区域用户；"东南"区域经济发展水平高，用户日常工作生活压力较大；"西北"区域经济发展水平相对落后，用户工作生活压力相对较小，悠闲时间较多，因此"西北"区域用户在用户习惯影响用户持续使用意向的影响路径系数上高于"东南"地区。

第二节　对策与建议

一、从社会价值和娱乐价值方面，努力提升用户对 MSNS 的感知程度

本书研究结果表明，感知价值性对移动社会网络服务的用户持续使用具有显著的正向影响作用，可见提升用户对社会网络服务的感知价值是促进用户持续使用的重要手段之一。从研究的数据看，用户愿意为使用移动社会网络服务付出一定的时间、金钱及精力等代价。因此，MSNS可以从提升用户对感知社会价值、感知娱乐价值等两方面入手。一方面，提升 MSNS 的社群影响特征，建立起意见领袖或者吸引名人入驻 MSNS，开展一系列的激励政策或者社群荣誉给予用户，让用户更加积极地登录MSNS；另一方面，在 MSNS 上开发更多的娱乐功能，如小游戏、唱歌等，除让用户在 MSNS 上获得信息上的娱乐感之外，还能获取其他更多的娱乐功能。

二、从社群认同感和归属感方面，努力提升用户对 MSNS 的满意程度

研究数据表明，感知互动性、服务质量及社群认同都对用户满意度有影响。因此，MSNS 应该提供更为便利的用户互动交流窗口，并设置对应激励措施鼓励用户参与 MSNS 上的互动活动；MSNS 还要做好产品的售后服务，让用户在使用 MSNS 时遇到问题能够第一时间解决或者响应；

MSNS 应为用户使用服务时的积极操作进行激励，让用户在所属的群体中有更多的归属感及认同感。

三、从持续使用习惯的培养方面，强化用户对 MSNS 的依赖程度

首先，MSNS 应逐步让用户养成使用移动社会网络服务的习惯，采取各种激励措施来刺激用户每天登录，并完成一系列操作，对于积极完成操作的用户给予一定的奖励；其次，MSNS 还应该给用户提供比较完善的工作职能，让用户不仅在娱乐休闲时使用平台，同时在工作环境中也能通过更低的社交成本来完成工作上的事情，促进用户使用 MSNS。

四、从移动服务的可靠保障方面，强化用户对 MSNS 的信任程度

用户对 MSNS 感知度提高信任，表明用户对 MSNS 的风险感知意识越强，越会降低其使用 MSNS 意向。因此，需要进一步提升 MSNS 用户安全机制，提高 MSNS 安全水平。另外，需采取一系列措施来保障 MSNS 上传播信息的正确及准确性，据统计，国外用户对 MSNS 上传播信息的信任度不到 30%。最后，需要完善 MSNS 产生的信息保护机制，现有 MSNS 容易泄露用户个人信息，例如网上发信息后的人肉搜索机制是信息泄密的典型情况。因此，用户越关心 MSNS 信任方面的内容，对 MSNS 信任了解得越多，其对 MSNS 持续使用意向反而越会下降。

五、区分不同年龄层次的用户需求，构建良性循环的激励机制

20~29 岁年龄层次的用户群体未来是 MSNS 的新生代用户，他们更熟

悉移动互联网使用场景，也更愿意尝试 MSNS 的新玩法及功能，且他们的物质生活需求已经基本得到满足，更重视心理上的感受。因此，MSNS 需要加强提升自身功能需求，满足其对于互动性及社会性的需求，更要搭建信息获取、互动及娱乐功能的平台，成为用户更好地展现自己、获取社群认同的渠道。

六、重视不同学历层次的社交需求，培养用户的持续使用习惯

高层次人才对 MSNS 的持续使用意向更高，表明高层次学历人才的社交需求更高，对 MSNS 要求较高，一旦采纳使用，相比"专科"学历的用户群体更容易养成习惯。因此，MSNS 运营服务商应提升 MSNS 的服务质量，提高 MSNS 信息传播交流的质量，完善 MSNS 的各项功能需求；对 MSNS 进行微创新，提升高学历层次用户的满意度及认可度，从而培养用户使用习惯。

七、针对不同收入层次的价值取向，满足各类用户的功能需求

高收入人群逐渐成为各个类型 MSNS 中的意见领袖，在商务、母婴社区和婚恋交友等 MSNS 中都表现异常活跃。同时，高收入人群利用 MSNS 能力更强，互动交流更多更广泛，在各类功能性的 MSNS 中能更好地组织表达个人内容及意向，而低收入群体则更多的是学生群体为主，更多采用校园类 MSNS，同时使用 MSNS 更多追求娱乐价值。MSNS 应针对不同收入层次人群设定不一样的功能需求，针对高收入用户提供更安全、社交功能强的服务；针对低收入用户提供娱乐性功能更强的服务。

八、加强移动基础设施的环境建设，增强用户良好的服务体验

移动终端设备及移动网络基础设施的不断改善，降低用户使用 MSNS 的门槛，减少用户使用 MSNS 的成本；移动互联网网速的提升可以更好地提高 MSNS 的体验，促进基于图片、视频类 MSNS 的发展。因此，MSNS 应与网络运营商合作，共同开发 MSNS 下的 Wi-Fi 热点，特别是开发西部地区的移动互联网 Wi-Fi 接入市场，降低用户使用 MSNS 的成本，提升用户 MSNS 的用户体验，开辟新的 MSNS 功能需求，从而提升用户持续使用意向。

第三节 研究的创新点

研究的创新点主要包括以下三方面：

（1）从用户、产品、社会及环境四方面研究移动社会网络服务（MSNS）用户持续使用意向的影响因素，提出 MSNS 用户持续使用意向的四维度理论模型，通过实证研究对 MSNS 用户持续使用意向的理论模型进行验证，完善了移动社会网络服务的理论研究视角，拓展了 ECM 及 D&M 模型的应用范围，为移动社会网络服务实践提供了相应的理论与应用支撑。

（2）梳理定义移动社会网络服务理论研究模型的影响因素变量，研究用户自然属性中年龄层次、学历层次、收入层次等控制变量对用户持续使用意向的显著差异化影响，提升了用户持续使用意向理论的诠释程度。

（3）以用户的性别特征、技术及地域的环境特征等调节变量，构建MSNS 用户持续使用意向的调节模型，使用 AMOS 工具对调节模型进行验证，揭示出性别特征、技术背景特征及地域背景特征对 MSNS 用户持续使用意向模型相关影响路径的调节作用，深化了持续使用意向模型的作用机制。

第四节　未来研究展望

本书的研究课题来自国家自然科学基金项目，通过对国内外移动社会网络服务持续使用意向、信息系统用户持续使用意向及移动服务类持续使用意向等相关研究进行文献综述梳理，研究哪些关键因素能够影响移动社会网络服务用户持续使用意向，以期能为我国移动社会网络服务的用户持续使用实践，提供更多的理论和应用支撑。

未来的研究展望，可以从以下几方面进行：

一、进一步开展初次采纳过程中的用户感知对持续使用意向的影响

本书围绕用户初次采纳以后在持续使用过程中的意向和行为，以探讨移动社会网络服务持续使用的影响，但初次采纳时的用户感知对后期持续使用意向的影响，还未进行研究。未来将开展初次采纳时的用户感知对后期持续使用意向的影响研究。

二、进一步扩展研究样本的覆盖领域和覆盖区域

由于采用的研究样本对象大部分是教师和在校学生，调查样本的地域又大部分局限在作者工作学习所在的华东地区，这给研究样本带来了一定的局限性。未来研究将进一步丰富和扩大样本的覆盖领域和覆盖区域，同时考虑用户第一学历所学专业背景及所从事职业等用户自然属性对移动社会网络服务用户持续使用意向的影响，尽可能保证样本的覆盖度和全局性。

三、尝试仿真或实验的研究方法开展用户持续使用连续性研究

由于实证研究局限在某个问卷时间点，难于动态化地跟踪 MSNS 用户使用的连续性变化。未来可以对同一群体在采纳—使用—持续使用的整个过程中展开用户持续使用意向的影响研究，尝试采用诸如系统动力学等仿真研究思路，对移动社会网络服务用户持续使用意向，进行时段性的仿真实验研究。

附 录

尊敬的女士/先生：

您好，感谢您在百忙之中抽出时间参与本次问卷调查。我院管理科学与工程专业的博士研究生蒋鹏，为完成其学位论文，正在通过问卷形式调研广大网民使用移动社交平台的行为特征。

问卷者本人承诺：本次匿名问卷调研活动，纯属学术研究之用，数据结果绝对保密。

问卷内容包括网民的用户基本特征和用户行为特征两部分，可能需要花费您五六分钟的时间。

衷心感谢您的参与和支持！祝您身体健康，万事如意！

江西财经大学信息管理学院

第一部分 移动互联网用户基本特征问卷
（共 12 题，均为单选式必答题）

1. 您的性别

○男

○女

2. 您的年龄范围

○19 岁以下

○20~29 岁

○30~39 岁

○40~49 岁

○50 岁以上

3. 您现在工作生活的地区

○华东地区（山东、江苏、浙江、福建、上海）

○华南地区（广东、广西、海南）

○华中地区（湖北、湖南、河南、江西、安徽）

○华北地区（北京、天津、河北、山西、内蒙古）

○西北地区（宁夏、新疆、青海、陕西、甘肃）

○西南地区（四川、云南、贵州、西藏、重庆）

○东北地区（辽宁、吉林、黑龙江）

○台港澳地区（台湾、香港、澳门）

4. 您的学历

○初中及以下

○高中/中专/技校

○大专

○本科

○研究生及以上

5. 您的月收入

○3000 元以下

○3001~5000 元

○5001~8000 元

○8001~15000 元

○15000 元及以上

○无收入

6. 您最爱使用的移动上网设备

○手机"移动上网"即上移动互联网

○平板"移动上网"即上移动互联网

○笔记本"移动上网"即上移动互联网

7. 您最常用的移动互联网上网模式

○4G

○Wi-Fi

8. 您使用移动互联网的网龄

○5 年以上

○3~5 年（含 5 年）

○1~3 年（含 3 年）

○1 年以下（含 1 年）

9. 您每天使用移动互联网的时间

○6 小时以上

○3~6 小时（含 6 小时）

○1~3 小时（含 3 小时）

○0.5~1 小时（含 1 小时）

○半小时以下（含半小时）

10. 您在移动上网时常用的移动社交平台个数

注意：使用移动终端上移动互联网的行为包括两类，一类是人与人之间交流互动的移动社交平台（如 QQ、微信、陌陌、微博、人人网、开心网、全民 K 歌、美拍、优酷拍客、花椒直播、虎牙直播、天涯社区、知乎、豆瓣、58 交友、百合网、领英（Linkin）等）；另一类是没有人与人之间交流互动的非移动社交平台（例如新闻、影视等）。

○5 个以上

○3~5 个（含 5 个）

○2~3 个（含 3 个）

○1 个

○0 个

11. 您每天使用移动社交平台的时间

○3 小时以上

○1~3 小时（含 3 小时）

○30~60 分钟（含 60 分钟）

○10~30 分钟（含 30 分钟）

○5~10 分钟（含 10 分钟）

○5 分钟以下（含 5 分钟）

12. 您使用移动社交平台的频率

○每天超过 5 次以上

○每天 1~5 次

○每周 4~6 次

○每周 2~3 次

○每周 1 次

○每周 2~3 次以上

○从不使用

第二部分 使用移动社交平台用户行为特征问卷

（共 11 大题 38 小题，均为单选式必答题）

1-1 使用移动社交平台花费一定的费用是值得的。

完全不同意 ○1 ○2 ○3 ○4 ○5 ○6 ○7 完全同意

1-2 使用移动社交平台花费一定的精力是值得的。

完全不同意 ○1 ○2 ○3 ○4 ○5 ○6 ○7 完全同意

1-3 使用移动社交平台花费一定的时间是值得的。

完全不同意 ○1 ○2 ○3 ○4 ○5 ○6 ○7 完全同意

1-4 使用移动社交平台的收获是值得的。

完全不同意 ○1 ○2 ○3 ○4 ○5 ○6 ○7 完全同意

2-1 使用移动社会平台可以通过消磨时间来体验快感。

完全不同意 ○1 ○2 ○3 ○4 ○5 ○6 ○7 完全同意

2-2 使用移动社交平台可以通过转移压力来舒缓心情。

完全不同意 ○1 ○2 ○3 ○4 ○5 ○6 ○7 完全同意

2-3 使用移动社交平台可以通过享受过程来获得愉悦。

完全不同意 ○1 ○2 ○3 ○4 ○5 ○6 ○7 完全同意

2-4 使用移动社交平台可以通过体验内容来感受娱乐。

完全不同意 ○1 ○2 ○3 ○4 ○5 ○6 ○7 完全同意

3-1 移动社交平台可以提供用户双向沟通的便利。

完全不同意 ○1 ○2 ○3 ○4 ○5 ○6 ○7 完全同意

3-2 移动社交平台可以提供用户相互交流的渠道。

完全不同意 ○1 ○2 ○3 ○4 ○5 ○6 ○7 完全同意

3-3 移动社交平台可以提供用户回复他人的机会。

完全不同意 ○1 ○2 ○3 ○4 ○5 ○6 ○7 完全同意

4-1　移动社交平台不会泄露用户的私密信息。

完全不同意　○1　○2　○3　○4　○5　○6　○7　完全同意

4-2　移动社交平台会信守他们的承诺。

完全不同意　○1　○2　○3　○4　○5　○6　○7　完全同意

4-3　移动社交平台发布的信息值得信任。

完全不同意　○1　○2　○3　○4　○5　○6　○7　完全同意

4-4　移动社交平台是关心用户利益的。

完全不同意　○1　○2　○3　○4　○5　○6　○7　完全同意

5-1　即使无具体使用需求，你也会经常使用移动社交平台。

完全不同意　○1　○2　○3　○4　○5　○6　○7　完全同意

5-2　当你有使用需求时，你会选择移动社交平台。

完全不同意　○1　○2　○3　○4　○5　○6　○7　完全同意

5-3　当你有使用需求时，你会立即使用移动社交平台。

完全不同意　○1　○2　○3　○4　○5　○6　○7　完全同意

6-1　移动社交平台的系统功能丰富。

完全不同意　○1　○2　○3　○4　○5　○6　○7　完全同意

6-2　移动社交平台的操作运行流畅。

完全不同意　○1　○2　○3　○4　○5　○6　○7　完全同意

6-3　移动社交平台的终端界面友好。

完全不同意　○1　○2　○3　○4　○5　○6　○7　完全同意

7-1　当遇到问题时，移动社交平台会及时响应处理。

完全不同意　○1　○2　○3　○4　○5　○6　○7　完全同意

7-2　在提供服务时，移动社交平台让我有足够的安全感。

完全不同意　○1　○2　○3　○4　○5　○6　○7　完全同意

7-3 在用户需求时,移动社交平台能提供个性化的服务。

完全不同意 ○1 ○2 ○3 ○4 ○5 ○6 ○7 完全同意

8-1 移动社交平台有助于你确立群体中的身份。

完全不同意 ○1 ○2 ○3 ○4 ○5 ○6 ○7 完全同意

8-2 移动社交平台有助于你赢得群体中的尊重和支持。

完全不同意 ○1 ○2 ○3 ○4 ○5 ○6 ○7 完全同意

8-3 移动社交平台有助于你传播自己的专业知识。

完全不同意 ○1 ○2 ○3 ○4 ○5 ○6 ○7 完全同意

8-4 移动社交平台有助于你建立足够的自信。

完全不同意 ○1 ○2 ○3 ○4 ○5 ○6 ○7 完全同意

9-1 移动社交平台有助于表达你的个人情感。

完全不同意 ○1 ○2 ○3 ○4 ○5 ○6 ○7 完全同意

9-2 移动社交平台有助于分享你的观念和经验。

完全不同意 ○1 ○2 ○3 ○4 ○5 ○6 ○7 完全同意

9-3 移动社交平台有助于亲友掌握你的近况。

完全不同意 ○1 ○2 ○3 ○4 ○5 ○6 ○7 完全同意

10-1 移动社交平台使用过程中你感到非常满意。

完全不同意 ○1 ○2 ○3 ○4 ○5 ○6 ○7 完全同意

10-2 移动社交平台使用后你感到非常满足。

完全不同意 ○1 ○2 ○3 ○4 ○5 ○6 ○7 完全同意

10-3 使用移动社交平台让你感到非常快乐。

完全不同意 ○1 ○2 ○3 ○4 ○5 ○6 ○7 完全同意

10-4 使用移动社交平台使你对人生充满希望。

完全不同意 ○1 ○2 ○3 ○4 ○5 ○6 ○7 完全同意

11-1　未来你愿意继续使用移动社交平台。

完全不同意　○1　○2　○3　○4　○5　○6　○7　完全同意

11-2　未来你肯定会持续使用移动社交平台。

完全不同意　○1　○2　○3　○4　○5　○6　○7　完全同意

11-3　未来你一定要经常使用移动社交平台。

完全不同意　○1　○2　○3　○4　○5　○6　○7　完全同意

参考文献

［1］Alali H., Salim J. Virtual communities of practice success model to support knowledge sharing behaviour in healthcare sector ［J］. Procedia Technology, 2013, 11（1）: 176-183.

［2］Albert M., Muniz Jr., Thomas C., Guinn O. Brand Community ［J］. Journal of Consumer Research, 2001, 27（4）: 412-432.

［3］Aldebei M. M., Allozi E. Explaining and predicting the adoption intention of mobile data services: A value based approach ［J］. Computers in Human Behavior, 2014, 35（2）: 326-338.

［4］Algesheimer R., Dholakia U. M., Herrmann A. The social influence of brand community: Evidence from european car clubs ［J］. Journal of Marketing, 2005, 69（3）: 19-34.

［5］Almossawi M. M. Customer satisfaction in the mobile telecom industry in Bahrain: Antecedents and consequences ［J］. International Journal of Marketing Studies, 2012, 4（6）: 139-156.

［6］Al-Sanabani M. A., Shamala S. K., Othman M., et al. Multi-class bandwidth reservation scheme based on mobility prediction for handoff in multimedia wireless/mobile cellular networks ［J］. Wireless Personal Communications, 2008, 46（2）: 143-163.

［7］Aronson E. 社会心理学 ［M］. 北京：中国轻工业出版社，2005.

［8］Asadullah A., Oyefolahan I. O., Bawazir M. A., et al. Factors influencing users' willingness to use cloud computing services: An empirical study［J］. Springer International Publishing，2015（8）：227-236.

［9］Atulkar S., Kesari B. Satisfaction，loyalty and repatronage intentions：Role of hedonic shopping values ［J］. Journal of Retailing & Consumer Services，2017，39：23-34.

［10］Baer M. The strength of weak ties perspective on creativity：a comprehensive examination and extension ［J］. Journal of Applied Psychology，2010，95（3）：592-601.

［11］Bagozzi R. P., Dholakia U. M. Antecedents and purchase consequences of customer participation in small group brand communities ［J］. International Journal of Research in Marketing，2006，23（1）：45-61.

［12］Barker V. Older adolescents' motivations for social network site use：The influence of gender，group identity，and collective self-esteem ［J］. Cyberpsychology & Behavior the Impact of the Internet Multimedia & Virtual Reality on Behavior & Society，2009，12（2）：209-213.

［13］Belanger F., Hiller J. S., Smith W. J. Trustworthiness in electronic commerce：The role of privacy，security，and site attributes［J］. Journal of Strategic Information Systems，2002，11（3）：245-270.

［14］Bergami M., Bagozzi R. P. Self-categorization，affective commitment and group self-esteem as distinct aspects of social identity in the organization［J］. British Journal of Social Psychology，2011，39（4）：555-577.

［15］Bhattacherjee A., Perols J., Sanford C. Information technology continuance：A theoretic extension and empirical test ［J］. Journal of Computer

Information Systems, 2008, 49 (1): 17-26.

[16] Bhattacherjee A. Understanding information systems continuance: An expectation confirmation model [J]. MIS Quarterly, 2001, 25 (3): 351-370.

[17] Boomsma A. The robustness of LISREL modelling revisited [J]. Structural Equation Models Present & Future, 2001 (1): 1-25.

[18] Brod M., Christensen T., Hammer M., et al. Examining the ability to detect change using the TRIM-Diabetes and TRIM-Diabetes device measures [J]. Quality of Life Research, 2011, 20 (9): 1513-1518.

[19] Brodie R. J., Ilic A., Juric B., et al. Consumer engagement in a virtual brand community: An exploratory analysis [J]. Journal of Business Research, 2013, 66 (1): 105-114.

[20] Brown T. J., Barry T. E., Dacin P. A., et al. Spreading the word: Investigating antecedents of consumers' positive word of mouth intentions and behaviors in a retailing context [J]. Journal of the Academy of Marketing Science, 2005, 33 (2): 123-138.

[21] Centola D. A simple model of stability in critical mass dynamics [J]. Journal of Statistical Physics, 2013, 151 (1-2): 238-253.

[22] Chatterjee S., Chakraborty S., Sarker S., et al. Examining the success factors for mobile work in healthcare: A deductive study[J]. Decision Support Systems, 2009, 46 (3): 620-633.

[23] Chau P. Y. K., Hu J. H. Investigating healthcare professionals' decisions to accept telemedicine technology: An empirical test of competing theories [J]. Information & Management, 2002, 39 (4): 297-311.

[24] Chen C. F., Chen F. S. Experience quality, perceived value, satisfaction and behavioral intentions for heritage tourists [J]. Tourism Manage-

ment，2010，31（1）：29-35.

［25］ Chiu C. M., Hsu M. H., Sun S. Y., et al. Usability, quality, value and e-learning continuance decisions ［J］. Computers & Education, 2005，45(4)：399-416.

［26］ Curran P. J., Bollen K. A., Chen F., et al. Finite sampling properties of the point estimates and confidence intervals of the RMSEA ［J］. Sociological Methods & Research，2003，32（2）：208-252.

［27］ Davis F. D., Bagozzi R. P., Warshaw P. R. Extrinsic and intrinsic motivation to use computers in the workplace ［J］. Journal of Applied Social Psychology，2010，22（14）：1111-1132.

［28］ Delone W. H., Mclean E. R. Information systems success：The quest for the dependent variable ［J］. Information Systems Research，1992，3（1）：60-95.

［29］ Delone W. H., Mclean E. R. The deLone and mcLean model of information systems success：a ten-year update ［J］. Journal of Management Information Systems，2003，19（4）：9-30.

［30］ Dholakia U. M., Bagozzi R. P., Pearo L. K. A social influence model of consumer participation in network and small group based virtual communities ［J］. International Journal of Research in Marketing，2004（21）：241-263.

［31］ Dickinger A., Arami M., Meyer D. The role of perceived enjoyment and social norm in the adoption of technology with network externalities ［J］. European Journal of Information Systems，2008，17（1）：4-11.

［32］ Fafchamps M., Durlauf S. Social capital ［J］. Steven Durlauf，2004，42（7）：1180-1198.

[33] Gefen D., Karahanna E., Straub D. W. Inexperience and experience with online stores: The importance of TAM and trust [J]. IEEE Transactions on Engineering Management, 2003, 50 (3): 307-321.

[34] Green S. B., Yang Y., Alt M., et al. Use of internal consistency coefficients for estimating reliability of experimental task scores [J]. Psychonomic Bulletin & Review, 2016, 23 (3): 750-763.

[35] Guo Y. Moderating effects of gender in the acceptance of mobile SNS based on UTAUT model [J]. International Journal of Smart Home, 2015, 9 (1): 203-216.

[36] Hayashi A., Chen C., Ryant T., et al. The role of social presence and moderating role of computer self efficacy in predicting the continuance usage of e-learning systems [J]. Journal of Information Systems Education, 2004, 15 (2): 139-154.

[37] Heijden H. User acceptance of hedonic information systems [J]. MIS Quarterly, 2004, 28 (4): 695-704.

[38] Hogg M. A., Terry D. J. Social identity and self-categorization processes in organizational contexts [J]. Academy of Management Review, 2000, 25 (1): 121-140.

[39] Hong J. C., Lin P. H., Hsieh P. C. The effect of consumer innovativeness on perceived value and continuance intention to use smart watch [J]. Computers in Human Behavior, 2017, 67: 264-272.

[40] Hong S. J., Tam K. Y. Understanding the adoption of multipurpose information appliances: The case of mobile data services [J]. Information Systems Research, 2006, 17 (2): 162-179.

[41] Hong S. J., Thong J. Y. L., Tam K. Y. Understanding continued

information technology usage behavior: A comparison of three models in the context of mobile internet [J]. Decision Support Systems, 2007, 42 (3): 1819–1834.

[42] Hong S., Kim J., Lee H. Antecedents of use continuance in information systems: toward an inegrative view [J]. Data Processor for Better Business Education, 2008, 48 (3): 61–73.

[43] Hsiao C. H., Chang J. J., Tang K. Y. Exploring the influential factors in continuance usage of mobile social apps: Satisfaction, habit, and customer value perspectives [J]. Telematics and Informatics, 2016, 33 (2): 342–355.

[44] Hsu M. H., Yen C. H., Chiu C. M., et al. A longitudinal investigation of continued online shopping behavior: An extension of the theory of planned behavior [J]. International Journal of Human Computer Studies, 2006, 64 (9): 889–904.

[45] Huang C. K., Wu I. L., Chou C. C. Investigating use continuance of data mining tools [J]. International Journal of Information Management, 2013, 33 (5): 791–801.

[46] Huang J. H., Lin Y. R., Chuang S. T. Elucidating user behavior of mobile learning: a perspective of the extended technology acceptance model [J]. Electronic Library, 2007, 25 (25): 586–599.

[47] Hung M. C., Yang S. T., Hsieh T. C. An examination of the determinants of mobile shopping continuance [J]. International Journal of Electronic Business Management, 2012, 10 (1): 828–838.

[48] Ifinedo P. Acceptance and continuance intention of web based learning technologies use among university students in a baltic country [J]. Elec-

tronic Journal of Information Systems in Developing Countries, 2006, 23 (6): 1-20.

[49] Jarvenpaa S. L., Tractinsky N., Saarinen L. Consumer trust in an internet store: A cross-cultural validation [J]. Information Technology & Management, 2000, 1 (1-2): 45-71.

[50] Jiang L., Jun M., Yang Z. Customer-perceived value and loyalty: how do key service quality dimensions matter in the context of B2C e-commerce? [J]. Service Business, 2016, 10 (2): 301-317.

[51] Khayun V., Ractham P., Firpo D. Assessing e-excise sucess with delone and mcLean's model [J]. Data Processor for Better Business Education, 2015, 52 (3): 31-40.

[52] Killworth P. D., McCarty C., Bernard H. R., et al. The accuracy of small world chains in social networks [J]. Social Networks, 2006, 28 (1): 85-96.

[53] Kim H. W., Chan H. C., Gupta S. Value based adoption of mobile Internet: An empirical investigation [J]. Decision Support Systems, 2007, 43(1): 111-126.

[54] Kim S. S., Malhotra N. K. A longitudinal model of continued IS use: An integrative view of four mechanisms underlying postadoption phenomena [J]. Management Science, 2005, 51 (5): 741-755.

[55] Kim S. S., Son J. Y. Out of dedication or constraint? A dual model of post-adoption phenomena and it's Empirical Test in the Context of Online Services [J]. MIS Quarterly, 2009, 33 (1): 49-70.

[56] Knowles M. L., Gardner W. L. Benefits of membership: The activation and amplification of group identities in response to social rejection [J].

Personality & Social Psychology Bulletin, 2008, 34（9）: 1200-1213.

[57] Krasnova H., Veltri N. F., Eling N., et al. Why men and women continue to use social networking sites: The role of gender differences [J]. Journal of Strategic Information Systems, 2017, 26（4）: 261-284.

[58] Lai T. L. Service Quality and perceived value's impact on satisfaction, intention and usage of short message service（SMS）[J]. Information Systems Frontiers, 2004, 6（4）: 353-368.

[59] Lankton N. K., Mcknight D. H., Thatcher J. B. The moderating effects of privacy restrictiveness and experience on trusting beliefs and habit: An empirical test of intention to continue using a social networking website [J]. IEEE Transactions on Engineering Management, 2012, 59（4）: 654-665.

[60] Lee I., Choi B., Kim J., et al. Culture technology fit: Effects of cultural characteristics on the post-adoption beliefs of mobile internet users [J]. International Journal of Electronic Commerce, 2007, 11（4）: 11-51.

[61] Lee M. K. O., Turban E. A trust model for consumer internet shopping [J]. International Journal of Electronic Commerce, 2001, 6（1）: 75-91.

[62] Leung L. User generated content on the internet: An examination of gratifications, civic engagement and psychological empowerment[J]. Parliamentary Affairs, 2009, 11（8）: 1327-1347.

[63] Lewis W., Agarwal R., Sambamurthy V. Sources of influence on beliefs about information technology use: An empirical study of knowledge workers [J]. MIS Quarterly, 2003, 27（4）: 657-678.

[64] Liao C., Chen J. L., Yen D. C. Theory of planning behavior（TPB）and customer satisfaction in the continued use of e-service: An integrated model [J]. Computers in Human Behavior, 2007, 23（6）: 2804-2822.

［65］ Limayem M., Hirt S. G., Cheung C. M. K. How habit limits the predictive power of intention: The case of information systems continuance ［J］. MIS Quarterly, 2007, 31（4）: 705-737.

［66］ Limayem M., Hirt S. G. Force of habit and information systems usage: Theory and initial validation ［J］. Journal of the Association for Information Systems, 2003, 4（3）: 65-97.

［67］ Lin C. S., Wu S., Tsai R. J. Integrating perceived playfulness into expectation-confirmation model for web portal context ［J］. Information & Management, 2005, 42（5）: 683-693.

［68］ Lin H. F., Lee G. G. Determinants of success for online communities: An empirical study ［J］. Behaviour & Information Technology, 2006, 25（6）: 479-488.

［69］ Lin H. F. Determinants of successful virtual communities: Contributions from system characteristics and social factors ［J］. Information & Management, 2008, 45（8）: 522-527.

［70］ Lin H., Fan W., Chau P. Y. K. Determinants of users' continuance of social networking sites: A self-regulation perspective ［J］. Information & Management, 2014, 51（5）: 595-603.

［71］ Lin X., Featherman M., Sarker S. Understanding factors affecting users' social networking site continuance: A gender difference perspective ［J］. Information & Management, 2016, 54（3）: 383-395.

［72］ Liu Y. Developing a scale to measure the interactivity of websites ［J］. Journal of Advertising Research, 2003, 43（2）: 207-216.

［73］ Lu H. P., Su P. Y. J. Factors affecting purchase intention on mobile shopping web sites ［J］. Internet Research, 2009, 19（4）: 442-458.

［74］ Lu Z., Fan L., Wu W., et al. Efficient influence spread estimation for influence maximization under the linear threshold model ［J］. Computational Social Networks, 2014, 1（1）: 2-20.

［75］ Lyytinen K., Yoo Y. The next wave of nomadic computing: A research agenda for Information systems research ［J］. Sprouts Working Papers on Information Systems, 2001, 1（1）: 1-20.

［76］ Macfarlane A. J. On the evolution of the cellular automaton of rule 150 from some simple initial states ［J］. Journal of Mathematical Physics, 2009, 50（6）: 601-614.

［77］ Maldonado U. P. T., Khan G. F., Moon J., et al. E-learning motivation, students' acceptance use of educational portal in developing countries: a case study of peru ［C］. proceedings of the International Conference on Computer Sciences and Convergence Information Technology, 2009: 1431-1441.

［78］ Manchanda P., Xie Y., Youn N. The Role of Targeted Communication and Contagion in Product Adoption ［J］. Marketing Science, 2008, 27（6）: 961-976.

［79］ Mark R., Miles H. Social identity, system justification, and social dominance: Commentary on reicher, Jost et al. and Sidanius et al. ［J］. Political Psychology, 2010, 25（6）: 823-844.

［80］ Mckinney V., Yoon K. The measurement of web-customer satisfaction: an expectation and disconfirmation approach ［J］. Information Systems Research, 2002, 13（3）: 296-315.

［81］ Mcknight D. H., Choudhury V., Kacmar C. Developing and validating trust measures for e-commerce: An integrative typology［J］. Information

Systems Research, 2002, 13 (3): 334-359.

[82] Mcmillan S. J., Hwang J. S. Measures of perceived interactivity: An exploration of the role of direction of communication, user control, and time in shaping perceptions of interactivity [J]. Journal of Advertising, 2002, 31 (3): 29-42.

[83] Michael J. S. How locality, frequency of communication and internet usage affect modes of communication within core social networks [J]. Information Communication & Society, 2008, 11 (5): 591-616.

[84] Moezlimayem, Cheung C. K. Predicting the continued use of Inter net based learning technologies: The role of habit [J]. Behaviour & Information Technology, 2011, 30 (1): 91-99.

[85] Mohammadi H. Investigating users' perspectives on e-learning: an integration of TAM and IS success model [J]. Computers in Human Behavior, 2015, 45 (C): 359-374.

[86] Moryson H., Moeser G. Consumer adoption of cloud computing services in Germany: investigation of moderating effects by applying an UTAUT model [J]. International Journal of Marketing Studies, 2016, 8 (1): 14-32.

[87] Moustaki I., Jöreskog K. G., Mavridis D. Factor models for ordinal variables with covariate effects on the manifest and latent variables: a comparison of LISREL and IRT approaches [J]. Structural Equation Modeling A Multidisciplinary Journal, 2004, 11 (4): 487-513.

[88] Ng E. H., Kwahk K. Y. Examining the determinants of mobile internet service continuance: A customer relationship development perspective [J]. International Journal of Mobile Communications, 2010, 8 (2): 210-229.

[89] Ngai E. W. T., Gunasekaran A. A review for mobile commerce research and applications [J]. Decision Support Systems, 2007, 43 (1): 3-15.

[90] Otte E., Rousseau R. Social network analysis: A powerful strategy, also for the information sciences [J]. Journal of Information Science, 2016, 28 (6): 441-453.

[91] Oyserman D., Brickman D., Bybee D., et al. Fitting in Matters: Markers of ingroup belonging and academic outcomes [J]. Psychol Sci, 2006, 17 (10): 854-861.

[92] Pavlou P. A. Consumer acceptance of electronic commerce: integrating trust and risk with the technology acceptance model [J]. International Journal of Electronic Commerce, 2003, 7 (3): 101-134.

[93] Rai A., Lang S. S., Welker R. B. Assessing the validity of is success models: an empirical test and theoretical analysis [J]. Information Systems Research, 2002, 13 (1): 50-69.

[94] Rajabi N., Hakim A. An intelligent interactive marketing system based on internet of things (IoT) [C]. International Conference on Knowledge Based Engineering and Innovation, IEEE, 2016: 243-247.

[95] Ramos I., Berry D. M., Borchers A. Social construction of information technology supporting work [J]. Journal of Cases on Information Technology, 2005, 7 (3): 1-17.

[96] Ravaei B., Sabaei M., Pedram H., et al. Community aware single copy content forwarding in mobile social network [J]. Wireless Networks, 2017 (7): 1-17.

[97] Rogers K. B. Expectation states, social influence, and affect control: Opinion and sentiment change through social interaction[J]. Advances in

Group Processes, 2015 (32): 65-98.

[98] Rosen P., Sherman P. Hedonic information systems: acceptance of social networking websites [J]. Journal of Chemical Physics, 2006, 63 (1049): 3305-3316.

[99] Ruth Mattimoe, Will Seal. Pricing in a service sector context: Accounting and marketing logics in the hotel industry [J]. European Accounting Review, 2011, 20 (2): 355-388.

[100] Sech J. A., De F. A. S., Moreiraalmeida A. William James and psychical research: towards a radical science of mind. [J]. History of Psychiatry, 2013, 24 (1): 62-78.

[101] Shaffer M. A., Reiche B. S., Dimitrova M., et al. Work and family-role adjustment of different types of global professionals: Scale development and validation [J]. Journal of International Business Studies, 2016, 47 (2): 113-139.

[102] Shea P., Bidjerano T. Learning presence: Towards a theory of self-efficacy, self-regulation, and the development of a communities of inquiry in online and blended learning environments [J]. Computers & Education, 2010, 55 (4): 1721-1731.

[103] Shen D., Laffey J., Lin Y., et al. Social influence for perceived usefulness and Ease-of-Use of course delivery systems [J]. Journal of Interactive Online Learning, 2006, 5 (3): 270-282.

[104] Shin J. I., Chung K. H., OH J. S., et al. The effect of site quality on repurchase intention in Internet shopping through mediating variables: The case of university students in South Korea[J]. International Journal of Information Management, 2013, 33 (3): 453-463.

[105] Simsek O. F. Structural relations of personal and collective self-esteem to subjective Well-Being: Attachment as moderator [J]. Social Indicators Research, 2013, 110 (1): 219-236.

　　[106] Sirdeshmukh D., Singh J., Sabol B. Consumer trust, value, and loyalty in relational exchanges [J]. Journal of Marketing, 2002, 66 (1): 15-37.

　　[107] Smith I. Social mobile applications [J]. Computer, 2005, 38 (4): 84-85.

　　[108] Song J. H., Zinkhan G. M. Determinants of perceived web site interactivity [J]. Journal of Marketing, 2013, 72 (2): 99-113.

　　[109] Sun J., Sheng D., Gu D., et al. Understanding link sharing tools continuance behavior in social media [J]. Online Information Review, 2017, 41(1): 119-133.

　　[110] Tam C., Oliveira T. Understanding the impact of m-banking on individual performance: DeLone & mcLean and ttf perspective [J]. Computers in Human Behavior, 2016, 61 (C): 233-244.

　　[111] Tan Y. H., Thoen W. Toward a generic model of trust for electronic commerce [J]. International Journal of Electronic Commerce, 2000, 5 (2): 61-74.

　　[112] Teresa L. J., Chao M. C., Meng H. H. Determinants of continued use of the WWW: an integration of two theoretical models [J]. Industrial Management & Data Systems, 2004, 104 (9): 766-775.

　　[113] Thadani D. The role of deficient self-regulation in Facebook habit formation [J]. Information Systems, E-learning, and Knowledge Management Research, 2013, 278: 618-629.

[114] Thomas W. B. I., Thomas V. V. The impact of internet communications on social interaction [J]. Sociological Spectrum, 2005, 25 (3): 335-348.

[115] Thompson B., Vachahaase T. Psychometrics is datametrics: The test is not reliable. [J]. Educational & Psychological Measurement, 2000, 60 (2): 174-195.

[116] Thorson K. S., Rodgers S. Relationships between blogs as ewom and interactivity, perceived interactivity, and parasocial interaction [J]. Journal of Interactive Advertising, 2006, 6 (2): 5-44.

[117] Tokunaga R. S. Engagement with novel virtual environments: The role of perceived novelty and flow in the development of the deficient self-regulation of internet use and media habits[J]. Human Communication Research, 2013, 39 (3): 365-393.

[118] Tung F. C., Chang S. C., Chou C. M. An extension of trust and TAM model with IDT in the adoption of the electronic logistics information system in HIS in the medical industry [J]. International Journal of Medical Informatics, 2008, 77 (5): 324-335.

[119] Venkatesh V., Davis F. D. A theoretical extension of the technology acceptance model: Four longitudinal field studies [J]. Management Science, 2000, 46 (2): 186-204.

[120] Venkatesh V., Morris M. G., Davis G. B., et al. User acceptance of information technology: Toward a unified view [J]. MIS Quarterly, 2003, 27(3): 425-478.

[121] Wang H. Y., Wang S. H. Predicting mobile hotel reservation adoption: Insight from a perceived value standpoint [J]. International Journal

of Hospitality Management, 2010, 29 (4): 598-608.

[122] Wang R. B., Du C. T. Mobile social network sites as innovative pedagogical tools: Factors and mechanism affecting students' continuance intention on use [J]. Journal of Computers in Education, 2014, 1 (4): 353-370.

[123] Wang Y. S., Liao Y. W. Assessing e-government systems success: A validation of the deLone and mcLean model of information systems success[J]. Government Information Quarterly, 2008, 25 (4): 717-733.

[124] Weber R., Behr K. M., Demartino C. Measuring interactivity in video games [J]. Communication Methods & Measures, 2014, 8 (2): 79-115.

[125] Weimann G. The strength of weak terrorist ties [J]. Terrorism & Political Violence, 2011, 23 (2): 201-212.

[126] Weston R., Gore P. A. A brief guide to structural equation modeling [J]. Counseling Psychologist, 2015, 34 (5): 719-751.

[127] Wixom B. H. T., Peter A. A theoretical integration of user satisfaction and technology acceptance [J]. Information Systems Research, 2005, 16(1): 85-102.

[128] Wu M. C., Kuo F. Y. An empirical investigation of habitual usage and past usage on technology acceptance evaluations and continuance intention [J]. Acm Sigmis Database, 2008, 39 (4): 48-73.

[129] Yu M., Kim K. E. A structural equation model for parenting stress in mothers of premature iInfants [J]. Journal of Child & Family Studies, 2016, 25 (4): 1334-1344.

[130] Zeithaml V. A., Parasuraman A., Malhotra A. Service quality de-

livery through web sites: A critical review of extant knowledge [J]. Journal of the Academy of Marketing Science, 2002, 30 (4): 362-375.

[131] Zhao L., Lu Y., Zhang L., et al. Assessing the effects of service quality and justice on customer satisfaction and the continuance intention of mobile value-added services: An empirical test of a multidimensional model [J]. Decision Support Systems, 2012, 52 (3): 645-656.

[132] Zhou T., Li H. Understanding mobile SNS continuance usage in China from the perspectives of social influence and privacy concern [J]. Computers in Human Behavior, 2014, 37 (C): 283-289.

[133] 艾瑞网. 2016 年中国移动社交系列研究报告——产品篇 [EB/OL]. 2016, http://report.iresearch.cn/report/201609/2652.shtml.

[134] 艾瑞网. 2016 年中国移动社交系列研究报告——产业篇 [EB/OL]. 2016, http://report.iresearch.cn/report/20 609/2651.shtml.

[135] 艾瑞网. 2017 中国移动社交用户洞察报告 [EB/OL]. 2017, http://report.iresearch.cn/report/201707/3020.shtml.

[136] 白凯, 马耀峰, 李天顺等. 西安入境旅游者认知和感知价值与行为意图 [J]. 地理学报, 2010, 65 (2): 244-255.

[137] 白玉. 学术虚拟社区持续意愿的影响因素研究 [J]. 图书馆学研究, 2017 (5): 2-6.

[138] 包昌火, 李艳, 王秀玲等. 人际情报网络 [J]. 情报理论与实践, 2006, 29 (2): 129-141.

[139] 毕新华, 齐晓云, 段伟花. 基于 Trust-ECM 整合模型的移动商务用户持续使用研究 [J]. 图书情报工作, 2011, 35 (14): 139-143.

[140] 曹欢欢, 姜锦虎, 胡立斌. 社交网络持续使用: 从众行为和习惯调节作用 [J]. 华东经济管理, 2015, 29 (4): 156-162.

[141] 曹剑波. 基于三个维度的实验知识论研究 [J]. 中国高校社会科学, 2017 (6): 112-121.

[142] 曹越, 毕新华. 云存储服务用户采纳影响因素实证研究 [J]. 情报科学, 2014 (9): 137-141.

[143] 陈国宏, 李小倩, 任大帅. 基于社会交换理论的互联网金融理财使用意愿影响因素研究 [J]. 华北电力大学学报 (社会科学版), 2017 (3): 77-87.

[144] 陈美玲, 白兴瑞, 林艳. 移动学习用户持续使用行为影响因素实证研究 [J]. 中国远程教育: 综合版, 2014 (12): 41-47.

[145] 陈明红, 漆贤军, 刘莹. 移动图书馆持续使用意向及习惯的调节作用 [J]. 情报科学, 2016, 34 (6): 125-132.

[146] 陈明红, 孙顺, 漆贤军. 移动社交媒体位置信息分享持续意愿研究——隐私保护视角 [J]. 图书馆论坛, 2017, 37 (4): 58-67.

[147] 程慧平, 王建亚. 用户特征对个人云存储使用的影响 [J]. 现代情报, 2017, 37 (5): 19-27.

[148] 邓胜利, 周婷. 社交网站的用户交互动力研究 [J]. 情报科学, 2014, 32 (4): 72-77.

[149] 邓元兵. 移动互联网用户的品牌社区使用及影响机制研究 [D]. 上海交通大学博士学位论文, 2015.

[150] 董正浩. 基于支持向量机的移动互联网用户行为偏好研究 [D]. 北京邮电大学博士学位论文, 2014.

[151] 杜杏叶. 信息传递的交互性在社会组织信息构建中的作用 [J]. 现代情报, 2005, 25 (7): 34-36.

[152] 范钧. 微信公众号推送内容特性对用户持续使用意愿的影响 [J]. 商业经济与管理, 2017, 310 (8): 69-78.

[153] 盖奥尔格·西美尔. 社会学：关于社会交往形式的研究 [M]. 北京：华夏出版社，2002.

[154] 高峰. 高校教师网络教学方式的采纳和使用——基于技术接受与使用整合理论的研究 [J]. 开放教育研究，2012，18（1）：106-113.

[155] 高海涛，徐恺英，盛盼盼，等. 基于 AHP-DEA 的高校移动图书馆服务质量评价模型研究 [J]. 情报科学，2016，34（12）：88-91.

[156] 龚主杰，赵文军，熊曙初. 基于感知价值的虚拟社区成员持续知识共享意愿研究 [J]. 图书与情报，2013（5）：89-94.

[157] 顾佐佐，顾东晓，黄莹等. 大学生群体对学科导航工具 LibGuides 的持续使用行为研究 [J]. 图书馆学研究，2015（10）：68-78.

[158] 管红波，孙璐，何静. 高校社区 O2O 生鲜电商顾客忠诚影响因素及性别调节机理 [J]. 上海管理科学，2017，39（2）：48-53.

[159] 郭华东，王心源，吴炳方等. 基于空间信息认知人口密度分界线——"胡焕庸线" [J]. 中国科学院院刊，2016，31（12）：1385-1394.

[160] 侯杰泰. 结构方程模型及其应用 [M]. 北京：经济科学出版社，2004.

[161] 胡兵，熊元斌，余柳仪. 认同动机对消费者参与产品定制的影响——基于社会认同理论视角 [J]. 经济与管理，2015，29（2）：84-90.

[162] 胡莹. 移动微博持续使用行为影响因素研究 [D]. 北京邮电大学硕士学位论文，2013.

[163] 胡勇. 大学生微信持续使用意向的影响因素分析 [J]. 现代远程教育研究，2016（3）：84-92.

[164] 黄柏淅，朱小东. 移动社交类 APP 用户持续使用意愿的影响因素研究 [J]. 现代情报，2016，36（12）：57-64.

[165] 黄芳铭. 结构方程模式 [M]. 北京：中国税务出版社，2005.

［166］黄甫全，游景如，涂丽娜等.系统性文献综述法：案例、步骤与价值［J］.电化教育研究，2017（11）：11–18.

［167］金玉芳，胡宁俊，张瑞雪.网上商店绑定策略对顾客价值影响的实证研究［J］.管理工程学报，2011，25（1）：18–25.

［168］靳嘉林，王曰芬，郑小昌.面向网页信息筛选的可信度评估研究［J］.情报理论与实践，2017，40（5）：116–121.

［169］黎斌.微博用户持续使用意愿影响因素研究［D］.浙江大学硕士学位论文，2012.

［170］李斌.第三网络社会与新"差序格局"［J］.安徽农业大学学报（社会科学版），2006，15（5）：57–60.

［171］李怀祖.管理研究方法论［M］.西安：西安交通大学出版社，2004.

［172］李锐，倪传斌，肖巍等.泛在学习理念下的交互英语平台持续使用影响因素调查研究［J］.中国远程教育，2016（10）：72–78.

［173］李婷.我国移动购物消费者持续使用意愿影响因素研究——基于期望确认模型［D］.东北财经大学硕士学位论文，2014.

［174］李毅，吴思睿，廖琴.教师信息技术使用的影响因素和调节效应的研究——基于UTAUT模型［J］.中国电化教育，2016（10）：31–38.

［175］林家宝，万俊毅，鲁耀斌.生鲜农产品电子商务消费者信任影响因素分析：以水果为例［J］.商业经济与管理，2015（5）：5–15.

［176］林秀钦，黄荣怀.中小学教师信息技术应用的态度与行为调查［J］.中国电化教育，2009（9）：17–22.

［177］刘丹迪，黄京华.移动社会网络服务持续使用行为研究［C］.信息系统协会中国分会学术年会，2011：93–99.

［178］刘鲁川，孙凯.SaaS外包服务用户满意度与持续使用的实证研

究〔J〕. 信息资源管理学报，2012（1）：26-32.

［179］刘蔓. 互联网金融的使用与持续使用对比研究——以余额宝为例〔D〕. 西南财经大学硕士学位论文，2014.

［180］刘倩，周密，赵西萍等. 信息系统习惯对持续使用影响的研究述评与过程性框架〔J〕. 软科学，2014，28（11）：123-127.

［181］刘人境，柴婧. SNS 社交网络个人用户持续使用行为的影响因素研究〔J〕. 软科学，2013，27（4）：132-136.

［182］刘文华. 网上银行持续使用行为研究〔J〕. 会计之友，2013（10）：51-56.

［183］刘选. 实证研究怎么做：让研究者困惑的地方——来自华东师大第二届全国教育实证研究论坛的启示〔J〕. 现代远程教育研究，2017（3）：18-25.

［184］卢宝周，曾庆丰，刘志斌. 网络团购中用户持续使用意向影响机制实证研究〔J〕. 企业经济，2016（9）：55-62.

［185］卢纹岱，朱红兵. SPSS 统计分析（第 5 版）〔M〕. 北京：电子工业出版社，2015.

［186］卢新元，龙德志，梁丽婷等. 众包网站中用户初始信任影响因素分析及实证研究〔C〕. 全国计算机模拟与信息技术学术会议，2015：191-198.

［187］吕成戌. 农产品信息平台用户满意度及使用意愿研究〔J〕. 中国管理信息化，2016，19（1）：172-176.

［188］罗旭红，杨荣勤，周珊. 基于 ISSM 移动支付用户持续使用意愿的实证研究〔J〕. 经济师，2014（10）：49-51.

［189］茆意宏. 面向用户需求的图书馆移动信息服务〔J〕. 中国图书馆学报，2012，38（1）：76-86.

[190] 宁连举，张欣欣，刘自慧. SNS 中人际互动对用户持续使用意愿的影响研究 [J].北京邮电大学学报（社会科学版），2013，15（3）：8–14.

[191] 潘澜，林璧属，方敏等.智慧旅游背景下旅游 APP 的持续性使用意愿研究 [J].旅游学刊，2016，31（11）：65–73.

[192] 潘煜，高丽，王方华.生活方式、顾客感知价值对中国消费者购买行为影响 [J].系统管理学报，2009，18（6）：601–607.

[193] 邱皓政.量化研究与统计分析：SPSS（PASW）资料分析范例解析 [M].台湾：五南图书出版股份有限公司，2010.

[194] 桑志芹，夏少昂.社区意识：人际关系、社会嵌入与社区满意度——城市居民的社区认同调查 [J].南京社会科学，2013（2）：63–69.

[195] 沈杰，王咏.品牌社区的形成与发展：社会认同和计划行为理论的视角 [J].心理科学进展，2010，18（6）：1018–1024.

[196] 盛玲玲.移动商务用户继续使用意向研究——基于感知价值的分析 [D].浙江大学硕士学位论文，2008.

[197] 史新伟.面向服务的信息系统持续使用意愿的实证研究 [J].情报探索，2014（9）：31–33.

[198] 孙绍伟，甘春梅，宋常林.基于 D&M 的图书馆微信公众号持续使用意愿研究 [J].图书馆论坛，2017（1）：101–108.

[199] 汤志伟，龚泽鹏，韩啸.基于扎根理论的政府网站公众持续使用意向研究 [J].情报杂志，2016，35（5）：180–187.

[200] 唐莉斯，邓胜利.SNS 用户忠诚行为影响因素的实证研究 [J].图书情报知识，2012（1）：102–108.

[201] 滕云，杨琴.网络弱关系与个人社会资本获取 [J].重庆社会科学，2007（2）：122–124.

[202] 王伟军，甘春梅.学术博客持续使用意愿的影响因素研究 [J].

科研管理，2014，35（10）：121-127.

[203] 王玮，刘玉.消费者持续使用新兴在线旅游网站的实证研究——顾客满意度和信任的中介作用［J］.暨南学报（哲学社会科学版），2014，36（4）：84-92.

[204] 王晰巍，李师萌，王楠等.新媒体环境下用户信息交互意愿影响因素与实证——以汽车新媒体为例［J］.图书情报工作，2017（15）：15-24.

[205] 王学东，李金鑫，张琦.基于 ECM 模型的国内大学生移动社会化电子商务品牌忠诚度的研究［J］.现代情报，2016，36（12）：3-10.

[206] 王永贵，马双.虚拟品牌社区顾客互动的驱动因素及对顾客满意影响的实证研究［J］.管理学报，2013，10（9）：1375-1383.

[207] 王哲.社会化问答社区知乎的用户持续使用行为影响因素研究［J］.情报科学，2017，35（1）：78-83.

[208] 隗玲.网络外部性解析［J］.管理观察，2008（11）：158-159.

[209] 吴朝彦，黄磊.零售企业对移动社交媒体的持续使用意愿［J］.中国流通经济，2015（6）：88-95.

[210] 吴满意，廖子夏.网络人际互动研究的理论基础与概念解析［J］.社会科学研究，2012（6）：113-118.

[211] 吴明隆.结构方程模型——AMOS 的操作与应用［M］.重庆：重庆大学出版社，2017.

[212] 吴明隆.问卷统计分析实务——SPSS 操作与应用［M］.重庆：重庆大学出版社，2017.

[213] 夏芝宁.SNS 网站成员参与动机研究［D］.浙江工商大学硕士学位论文，2010.

[214] 肖红.微信公众号用户持续使用意愿的影响因素研究［D］.西

南大学硕士学位论文，2016.

[215] 谢广岭. 科学传播网站用户持续使用行为影响因素实证研究——基于结构方程模型的理念模型建构和验证 [D]. 中国科学技术大学博士学位论文，2016.

[216] 辛涛. 心理与教育统计学 [M]. 北京：中国人民大学出版社，2010.

[217] 徐美凤，叶继元. 学术虚拟社区知识共享行为影响因素研究 [J]. 情报理论与实践，2011，34（11）：72-77.

[218] 徐琦. "社会网"理论述评 [J]. 社会，2000（8）：20-22.

[219] 杨根福. 移动阅读用户满意度与持续使用意愿影响因素研究——以内容聚合类 APP 为例 [J]. 现代情报，2015，35（3）：57-63.

[220] 杨海娟. 社会化问答网站用户贡献意愿影响因素实证研究 [J]. 图书馆学研究，2014（14）：29-38.

[221] 杨善华，孙飞宇. 作为意义探究的深度访谈 [J]. 社会学研究，2005（5）：53-68.

[222] 杨善林，王佳佳，代宝等. 在线社交网络用户行为研究现状与展望 [J]. 中国科学院院刊，2015，30（2）：200-215.

[223] 杨小峰，徐博艺. 政府门户网站的公众持续使用行为研究 [J]. 情报杂志，2009，28（5）：19-22.

[224] 叶凤云. 移动阅读用户持续使用行为实证研究 [J]. 大学图书情报学刊，2016，34（5）：67-75.

[225] 殷国鹏，杨波. SNS 用户持续行为的理论模型及实证研究 [J]. 信息系统学报，2010（1）：53-64.

[226] 尹伊，石秀，雷晋芳. 深度访谈方法的进一步探讨 [J]. 科技情报开发与经济，2008，18（4）：160-161.

[227] 由笛，姜阿平. 格兰诺维特的新经济社会学理论述评 [J]. 学术交流，2007（9）：131-134.

[228] 于申. 社会化阅读平台用户持续知识共享意愿研究 [J]. 数字图书馆论坛，2016（12）：54-62.

[229] 张涵，康飞. 管理实证研究中的统计控制误用分析及改进 [J]. 科学学与科学技术管理，2014（10）：43-50.

[230] 张洪. 社会化商务环境下顾客交互行为研究 [D]. 华中科技大学博士学位论文，2014.

[231] 张丽华，王娟，苏源德. 撰写文献综述的技巧与方法 [J]. 学位与研究生教育，2004（1）：45-47.

[232] 张冕，鲁耀斌. 隐私安全与强制信息对移动服务用户行为的影响机制研究 [J]. 商业时代，2014（1）：41-42.

[233] 张培. 高校学生用户学术数据库使用意向影响因素研究 [J]. 图书情报知识，2017，179（5）：108-119.

[234] 张莹瑞，佐斌. 社会认同理论及其发展 [J]. 心理科学进展，2006，14（3）：475-480.

[235] 赵立响. 我国企业门户网站交互性研究 [D]. 华中师范大学硕士学位论文，2006.

[236] 赵玲，鲁耀斌，邓朝华. 基于社会资本理论的虚拟社区感研究 [J]. 管理学报，2009，6（9）：1169-1175.

[237] 赵玲. 虚拟社区成员参与行为的实证研究 [D]. 华中科技大学博士学位论文，2011.

[238] 赵青，梁工谦，王群. 移动商务用户持续使用模型研究 [J]. 科技管理研究，2013（1）：249-253.

[239] 赵文军，王学东，易明. 社交问答平台用户持续参与意愿的实

证研究——感知价值的视角［J］.情报科学，2017，35（2）：69-75.

　　［240］赵文军，周新民.感知价值视角的移动 SNS 用户持续使用意向研究［J］.科研管理，2017，38（8）：153-160.

　　［241］赵新宇，范欣.政府治理：以幸福为名——基于中国问卷调查数据的实证研究［J］.吉林大学社会科学学报，2016（1）：60-70.

　　［242］郑称德，刘秀，杨雪.感知价值和个人特质对用户移动购物采纳意图的影响研究［J］.管理学报，2012，9（10）：1524-1530.

　　［243］中国互联网络信息中心.2014 年中国青少年上网行为研究报告［EB/OL］. http：//www.cnnic.cn/hlwfzyj/hlwxzbg/qsnbg/201506/P020150603434893070975. pdf，2015.

　　［244］中国互联网络信息中心.2015 年中国青少年上网行为研究报告［EB/OL］. http：//www.cnnic.cn/hlwfzyj/hlwxzbg/qsnbg/201608/P020160812393489128332.pdf，2016.

　　［245］中国互联网络信息中心.2015 年中国社交应用用户行为［EB/OL］. http：//www.cnnic.cn/hlwfzyj/hlwxzbg/sqbg/201604/P020160722551429454480.pdf，2016.

　　［246］中国互联网络信息中心.2016 年中国社交应用用户行为研究报告［EB/OL］. http：//www.cnnic.cn/hlwfzyj/hlwxzbg/sqbg/201712/P020180103485975797840.pdf，2016.

　　［247］中国互联网络信息中心.第 40 次中国互联网络发展状况统计报告［EB/OL］. http：//cnnic.cn/hlwfzyj/hlwxzbg/hlwtjbg/201708/P020170807351923262153.pdf，2017.

　　［248］周涛，鲁耀斌，张金隆.基于感知价值与信任的移动商务用户接受行为研究［J］.管理学报，2009，6（10）：1407-1412.

　　［249］周涛，鲁耀斌.基于社群影响理论的虚拟社区用户知识共享行

为研究 [J]. 研究与发展管理，2009，21（4）：78-83.

[250] 周毅，孟卫东，柳晓莹. 移动数据业务购买意愿的关键影响因素研究 [J]. 管理工程学报，2010，24（1）：29-34.

[251] 庄贵军，周筱莲. 电子网络环境下的营销渠道管理 [J]. 管理学报，2006，3（4）：443-449.

致　谢

在江西财大麦庐校园里读博期间，我度过了自己学生生涯中最漫长的时光，在此我由衷地感谢老师、同学和学校同事以及家人。

首先，感谢导师勒中坚教授，几年来我所有的成长都跟恩师有关。师从勒老师攻读博士学位的经历，让我接受了系统的学术训练，给我打开了宽敞的学术大门。学术论文的完成更得益于导师的严格把关和指导，大到论文结构的布局，小到文字表达的修改，都得到了导师悉心的指导。导师敏锐的思维能力、深厚的学术功底、严谨的工作态度及全面的大局观使我受益良多；导师的儒雅、幽默、风趣及乐观的态度时刻熏陶着我，为我未来的工作、学习和生活指明了方向。导师不仅在我的学术研究上予以指导，同时在日常生活中也无微不至地关心我，此恩此情将永远铭记在心。

其次，感谢也难以忘怀江财求学期间对我进行辛勤培养的老师们（乌家培、毛基业、贾仁安、伍世虔、吴照云、徐升华、万常选、柳健、陶长琪、万树平、王翠霞及杨剑峰等），你们是我最敬佩和仰慕的学术前辈，每次听课都能从你们那里获得极大的收获；同时感谢在学位论文开题时狄国强、谭作文、甘小红、刘启华、李钟华及郭勇等老师给予我的鼓励、支持和指导；感谢同门的师兄师姐周萍、丁菊玲、杨波、王根生、罗远胜、肖锋等在论文撰写过程中的支持和指导。

再次，感谢江西省电子商务工程技术研究中心的小伙伴们（李禄、彭宇辉、周志芹、周阳锦、阎琦、胡正军、张凌昆、林晓坚、李仕争、甘龙翔、倪志华、杨真年等），我们一起度过了最单纯、最团结和最拼命的实验室生活，至今脑海里还时常浮现出那为项目实施、论文开题等活动而一起战斗的时光，你们给了我很多科研和生活上的帮助和启发，感谢你们在我论文写作过程中提供的帮助。感谢2012级博士班的同学们（彭云、任海平、杨海文、季凯文、甘敬义、徐军、蒋明琳、杨同华、李光泉），我们一起同窗的日子里有太多美好的回忆；同时感谢班主任邹俊、李勇老师，感谢你们对我读博期间的支持和帮助。

　　最后，感谢义乌工商学院的领导和同事们，你们在学习、工作和生活上给予我无私的关照和支持，让我能够顺利地完成学业。深深地感谢我的父亲、母亲、岳父及岳母，感谢你们始终如一的支持和鼓励，你们的支持和鼓励是我一生的动力。感谢我的妻子在背后默默地支持和鼓励我，承担起家里的各种负担和责任，为我创造了良好的学习环境，解决了我的后顾之忧。同时感谢我的两个小宝贝给我带来的欢乐，这也是我一直在克服困难坚持读博的动力之一。